Мари-Софи, Элле, Кларе и Леони.
Ваш мозг — маленькое чудо

WER DENKT, IST KLAR IM VORTEIL

Wie du dein Gehirn im Alltag smarter nutzt

Bent Freiwald

Kiepenheuer & Witsch

Бент Фрайвальд

День из жизни мозга

Что происходит в голове, пока мы спим, работаем и пьем кофе

Перевод с немецкого

Альпина Паблишер

2026

УДК 573
ББК 28.70
Ф82

Переводчица Анна Логинова
Редактор Юлия Самуленок

Фрайвальд Б.

Ф82 День из жизни мозга: Что происходит в голове, пока мы спим, работаем и пьем кофе / Бент Фрайвальд ; Пер. с нем. — Альпина Паблишер, 2026. — 268 с.

ISBN 978-5-0063-2081-9 978-5-0063-2080-2

Мы видим сны, читаем книги, ходим по улице, пытаемся сосредоточиться на работе или позволяем себе лишний бокал пива вечером — чем бы мы ни занимались, наш мозг неустанно трудится круглые сутки. Взяв за основу свой обычный день, эксперт по работе мозга и научный журналист Бент Фрайвальд легко и с юмором описывает многочисленные функции мозга и делится неожиданными открытиями, которые помогут лучше ориентироваться в повседневной жизни. Вы узнаете немало полезного: как управлять своими снами, почему в опенспейсе невозможно сосредоточиться, что действительно помогает заставить себя заниматься спортом, почему вы с друзьями смеетесь над одними и теми же шутками, что объединяет дисциплинированных людей, как проводить меньше времени в телефоне, почему в состоянии стресса ухудшается сон и что со всем этим делать.

УДК 573
ББК 28.70

ISBN 978-5-0063-2081-9 (твердая обложка)
ISBN 978-5-0063-2080-2 (мягкая обложка)
ISBN 978-5-0063-2037-6 (EPUB)

СОДЕРЖАНИЕ

Вместо предисловия ... 9

3:00
Вы спите — и во сне попадаете в другой мир ... 17

Как исследователи мозга открыли сновидения ... 17
Что происходит в мозге, когда мы видим сны ... 22
Как мозг решает, что нам приснится, а что нет ... 26
Почему у сновидений может быть терапевтический эффект ... 30
Откуда берутся кошмары ... 38
Что делать с кошмарами ... 42
Как научиться управлять своими снами ... 45

6:30
Вы начинаете день ... 53

Как просыпается мозг ... 53
Почему окружающий мир для вашего мозга похож на пазл ... 55
Почему не стоит слепо доверять своему восприятию ... 57
Вызывает ли кофе зависимость ... 64
Как кофе помогает взбодриться ... 66

8:00

Ваш мозг хочет завтракать — но чем? 70

Откуда мозг знает, что вы голодны 70

Как мозг решает, что вам делать 78

Как крошечный участок мозга может обмануть ваше чувство сытости 82

Почему дети любят мороженое, но терпеть не могут брокколи 85

Вызывает ли сахар зависимость 91

Как привычки влияют на то, что вы едите 93

А может, стоит вовсе отказаться от дофамина? 100

Почему в вопросах питания не стоит полагаться на силу воли 103

9:00

На работу 106

Почему ваш мозг не компьютер 106

Как природа меняет ваш мозг 111

Почему природа так хорошо действует на мозг 116

Как тело посылает вам сигналы, которых вы не замечаете 121

Почему стоит больше двигаться на работе 128

Почему в кафе работается хуже 132

Какая музыка помогает и какая мешает работать 137

13:30

Короткий дневной сон и неудачное совещание 143

Как влияет на мозг послеобеденный сон 143

На что обратить внимание 147

Почему в компании мы мыслим иначе 148

Почему «мозговой штурм» не приносит хороших идей 153

18:00
В спортзал 158

Почему смотреть спорт полезно для мозга 158

Как воображение делает вас сильнее 163

Как спорт помогает мышлению 165

Сколько спорта нам нужно 171

Почему спорт помогает при психических расстройствах 172

Как убедить мозг тренироваться 176

От чего зависит самоконтроль 178

Можно ли натренировать силу воли 183

Что объединяет дисциплинированных людей 189

20:00
Наконец-то: пиво с лучшим другом 191

Есть ли у мозга чувство юмора 191

Как алкоголь меняет мозг 201

Почему, выпив лишнего, вы ничего не помните 204

21:00
Первая любовь 209

Что происходит с мозгом, когда мы влюбляемся 209

Как мозг становится ревнивым 213

Что происходит с мозгом, когда вас бросают 218

Как сохранить отношения: взгляд науки о мозге 222

22:00

Почитать перед сном 225

Почему вы не можете отложить телефон 225

Как чтение меняет мозг 230

Почему мы читаем иначе, чем раньше 235

Как вернуть себе сосредоточенное чтение 239

Как мозг обрабатывает аудиокниги 240

23:00

Вот теперь точно пора спать 245

Почему в стрессе мы спим хуже 245

Почему недосыпание ведет к нездоровому питанию 247

Что происходит с мозгом при недосыпании 248

Несколько мыслей напоследок 255

Благодарности 257

Глоссарий 259

ВМЕСТО ПРЕДИСЛОВИЯ

Порой одна-единственная книга способна изменить жизнь. Да, звучит пафосно — и нет, я говорю не о той книге, которую вы держите в руках. Со мной произошло именно это. В 11-м классе мне нужно было подготовить доклад. На целый час, вместо итоговой контрольной, причем я мог сам выбрать не только предмет, но и тему. К такой свободе я не привык. В легкой растерянности я обсуждал с родителями, какая область мне интересна настолько, чтобы говорить о ней целый час. В те дни я жил баскетболом — в иные недели тренировался каждый день. На другие увлечения времени почти не оставалось.

Доклад можно было сделать по книге, и я принялся рыться в родительском книжном шкафу. Между шведскими детективами и книгами о жизни женщин в Третьем рейхе мне попалась тоненькая красно-белая книжка. На обложке значилось: «Медицина для образования. Выход из кризиса» (Medizin für die Bildung. Ein Weg aus der Krise).

«Мам, ты ее читала»? — крикнул я из гостиной. Она сказала, что нет. Я открыл книгу, начал читать — и через 20 страниц уже знал, о чем будет мой доклад. В книге рассказывалось об открытиях в области исследований мозга. Поразительно, но в школе нам ни о чем подобном не говорили. Я прочитал книгу, сделал доклад — и вдруг обнаружил, что теперь увлекаюсь не только баскетболом.

После этого я провел изрядную часть юности за просмотром видеороликов, в которых мужчина в водолазке рассказывал про мозг. До сих пор стоит кому-то произнести слово «мозг» — и я слышу его голос: «Добрый вечер, дамы и господа. Поговорим о *вашем мозге*!» Человеком в водолазке и автором той самой красно-белой книжечки был нейробиолог и психиатр Манфред Шпитцер. Сегодня его считают довольно спорной фигурой: Шпитцер то и дело заявляет, что смартфоны делают людей глупыми, толстыми и вызывают слабоумие, — и многие считают, что это, мягко говоря, упрощение. Однако именно благодаря ему я начал читать книги по нейрофизиологии и психологии, переехал в Оснабрюк изучать когнитивистику, а потом отправился в Ригу — исследовать, воспринимают ли латыши серый цвет иначе, чем немцы, ведь серых унылых фасадов вокруг них куда больше, чем вокруг нас. Работа называлась «Десять оттенков серого», и ответ оказался таким: нет, скорее всего, не воспринимают.

Возможно, слово «когнитивистика» не вызывает у вас мгновенных ассоциаций. Прилагательное «когнитивный» описывает, по сути, все процессы, которые происходят в голове, когда вы думаете, вспоминаете, планируете, принимаете решения, воспринимаете мир, забываете, говорите или что-то себе воображаете. Иными словами, все то, чем вы заняты каждый день, — даже когда вам кажется, что вы ничем не заняты. Слово восходит к латинскому *cognoscere* — «узнавать, познавать, постигать». И это очень точное описание, потому что когнитивистика как раз и пытается разобраться, как именно все это устроено. Как рождается мысль? Как мы принимаем решения? Почему мы помним то, что хотели бы забыть, но забываем, за чем именно шли в магазин? Тогда, в юности, меня это невероятно увлекало. Увлекает и сейчас.

С тех пор как я начал заниматься человеческим мозгом, мне попалось немало удивительных открытий. Одно из них — пожалуй, самое важное — нейропсихолог Дональд Хебб выразил еще в 1949 году в ставшей крылатой фразе: *Neurons that fire together wire together. Нейроны, которые возбуждаются одновременно, образуют связи друг с другом.*

Звучит довольно абстрактно. Поэтому вот самая наглядная аналогия из всех, что мне встречались, — она помогает понять, как устроен наш мозг. Представьте, что вы переехали в другой город и хотите ездить на работу на велосипеде. В первый день вы понятия не имеете, какой выбрать маршрут, и вбиваете адрес в навигатор. Приложение предлагает один вариант, но их, в общем-то, множество.

В первый раз вы едете медленно, останавливаетесь на каждом перекрестке, сверяетесь с картой. Довольно утомительно. Но вы проделываете этот путь каждый день — и с каждым разом он дается вам все легче. Через несколько недель навигатор уже не нужен. Мозг запомнил маршрут, и вы на автопилоте крутите педали. А вот другие улицы города, которыми вы никогда не пользуетесь, тем временем приходят в запустение — без движения они постепенно зарастают, и четких полос на них уже не разобрать. (Да, здесь аналогия немного хромает — но это же просто аналогия!) И если вам вдруг приходится ехать новым маршрутом, все начинается сначала: неуверенность, медленный темп, непривычные повороты. Без навигатора — никуда.

Точно так же работает наш мозг. Город — это мозг с его нейронными сетями. Ежедневные поездки на велосипеде — электрические сигналы. А маршруты, которые вы со временем выучили наизусть, — синаптические связи. Дорогами, по которым вы ездите часто, вам все проще пользоваться: формируется устойчивая привычка. Это явление, которое принято называть *обучением*. Улицы, которыми вы пренебрегаете, покрываются ухабами или исчезают вовсе. Как говорится, Use it or lose it — «пользуйся, а не то потеряешь».

Но будьте осторожны: если вы годами ездите одним и тем же путем, свернуть на новый маршрут будет очень непросто — даже если он будет короче. С мозгом всё точно так же. Он любит проверенные привычки. И крайне неохотно расстается с ними.

В этой книге вы проживете один день. Он начнется посреди ночи, когда вы спите. Вы будете видеть сны, проснетесь, выпьете кофе, позавтракаете, пойдете на работу (да, именно *пойдете* — пешком) и будете сидеть на совещаниях, на которых не будет мозгового штурма, — потому что именно во время мозговых штурмов рождаются самые неудачные идеи. После работы вы займетесь спортом, выпьете пива с лучшим другом и вспомните свою первую любовь. Дома вы залипнете в телефоне дольше, чем хотелось бы. Почитаете на ночь книгу и наконец, после дня, полного событий, с чувством удовлетворения уснете.

А что же я? Я буду рассказывать вам, что́ в это время происходит в вашем мозге. И по ходу дела вы узнаете немало полезного: как управлять своими снами, почему в опенспейсе невозможно сосредоточиться, что действительно помогает заставить себя заниматься спортом, как проводить меньше времени в телефоне, что объединяет дисциплинированных людей, почему вы с друзьями смеетесь над одними и теми же шутками, почему после лишнего бокала вы не помните вчерашний вечер, а в состоянии стресса ухудшается сон и что с этим делать.

Разумеется, я буду базироваться не на собственных исследованиях. После учебы я решил стать журналистом.

Но книги и научные работы о мозге продолжал читать — и со временем они превратились в рассылку и подкаст под названием Das Leben des Brain*. Именно на них и основана эта книга. Но гораздо важнее другое: книга вообще не могла бы появиться без работы множества ученых, которые изо дня в день ищут ответы на самые разные вопросы о человеческом мозге — от незначительных до самых масштабных.

На страницах книги я затрону множество направлений в исследованиях мозга. Каждому из них можно было бы посвятить отдельную книгу. Но меня всегда интересовала общая картина. Наука увлекала меня и сама по себе, но еще интереснее для меня вопрос о том, что с ней делать. Как открытия, полученные в невероятно сложных лабораторных условиях, могут пригодиться в обычной жизни? Вот об этом и пойдет речь.

Важная оговорка: каждый мозг — уникален. У кого-то разум работает быстро, у кого-то — неторопливо, есть люди собранные и люди рассеянные, люди гибкие и люди упрямые. У одних мозг фильтрует информацию как сито, отсеивая все лишнее, у других — впитывает каждую мелочь словно губка. Стоит хоть немного погрузиться в нейронауку, и вы тут же столкнетесь с такими понятиями, как СДВГ, аутизм, высокая чувствительность, дислексия, — со всем тем, что принято называть нейроразнообразием. Здесь кроется простая мысль: люди воспринимают и перерабатывают мир очень по-разному.

И тут вы можете спросить: если спектр настолько широк, почему я говорю о мозге в единственном числе, а не о моз-

---

* Англ./нем.: Жизнь мозга. — *Здесь и далее, если не указано иное, — прим. переводчика.*

гах во множественном? Потому что у меня другой фокус. Я писал эту книгу не затем, чтобы классифицировать неврологические различия. Здесь и сейчас я сосредоточусь на том, что нас объединяет: на поразительной способности этого маленького чуда в нашей голове меняться, учиться и приспосабливаться.

Но вот что тоже важно понимать: наука редко дает однозначные ответы. Результаты исследований можно трактовать по-разному. Однако, прежде чем задаваться вопросом, что они означают лично для вас, нужно сначала в них разобраться. Именно поэтому в этой книге вы не встретите ни одного термина, ни одного процесса, который я не постарался бы объяснить как можно проще, — например, с помощью наглядного сравнения про улицы города. А если какое-то слово все же останется непонятным, загляните в глоссарий в конце книги.

И напоследок еще кое-что важное. Долгое время такие явления, как страх, влечение или внимание, привязывали к конкретным участкам мозга. Например: «Вот миндалевидное тело — оно отвечает за страх!» Ничего подобного вы в этой книге не прочтете. Потому что сегодня все больше исследователей сходятся в одном: отдельные функции мозга нельзя приписать какой-то одной области. Это как в футболе: когда забивают гол, заслуга никогда не принадлежит одному игроку. Разве что в совсем уж редком случае, когда кто-то подбирает мяч от вратаря после удара от ворот, удачно обходит всех соперников и в одиночку вколачивает его в створ ворот соперника. Но в мозге так не бывает — здесь никто не тянет одеяло на себя. Мышление — это командная игра. Зоны мозга работают сообща, и никак иначе.

По ходу чтения книги вы познакомитесь с некоторыми областями мозга, названия которых на первый взгляд звучат устрашающе, — например, вентромедиальная префронтальная кора. Да уж. Но если вы хотя бы в общих чертах представляете себе строение мозга, эти термины не собьют вас с толку.

А еще устройство мозга в целом нетрудно смоделировать с помощью собственной руки. Вот краткая инструкция, подсмотренная мною у психиатра Дэниела Сигела. Поднимите руку ладонью к лицу. Верхняя часть предплечья — это ствол мозга, который обеспечивает ваше выживание. Он соединяет головной мозг со спинным и управляет базовыми функциями тела: дыханием и сердцебиением. Теперь согните большой палец и прижмите его к середине ладони. Подушечка большого пальца — это лимбическая система. Она расположена в глубине мозга и долгое время считалась машинным отделением наших эмоций. Однако лимбическая система — это не четко очерченная область. Сегодня ученые полагают, что входящие в нее структуры взаимодействуют с участками по всему мозгу и порождают наши чувства.

Теперь согните остальные пальцы и накройте ими большой. Вместе они образуют кору больших полушарий, или кортекс. Она состоит из четырех так называемых долей, расположенных симметрично в обоих полушариях: лобная доля (прямо за лбом), теменная (сразу за лобной, на макушке), затылочная (в нижней части затылка, у самого основания черепа) и височная (по бокам, примерно на уровне ушей).

Если вы всё сделали правильно, рука сейчас сжата в кулак. Поверните его и представьте на уровне запястья маленький мячик для пинг-понга, прилепленный к кулаку сзади. Это мозжечок — своего рода спортивный отдел мозга. Он отвечает за координацию движений и чувство равновесия. В названиях областей мозга часто уточняется, о какой именно части области идет речь. Если я, например, пишу, что при том или ином действии активируется «передняя теменная доля», значит, имеется в виду передняя часть этой области. Если бы речь шла о задней, я написал бы «задняя». Запоминать эти обозначения необязательно.

Еще вы встретите в книге выражение «нейроны возбуждаются» — то есть активируются. Этот термин пришел из нейрофизиологии и используется метафорически. Нервная клетка «возбуждается», когда генерирует так называемый потенциал действия — электрический импульс, который передается вдоль ее аксона. Аксон — это длинный, похожий на провод отросток нервной клетки: он отправляет электрические сигналы от тела клетки дальше, как кабель передачи данных, указывающий мозгу, куда направить очередной сигнал. Потенциал действия — электрохимический разряд, напоминающий маленький взрыв. Но пока это окончательно не превратилось в урок биологии — опустите руку (если вы этого еще не сделали) и на секунду закройте глаза. Ведь, как я уже говорил, сегодня ваш день начинается посреди ночи. Приятных снов!

3:00

ВЫ СПИТЕ — И ВО СНЕ ПОПАДАЕТЕ В ДРУГОЙ МИР

Как исследователи мозга открыли сновидения

Три часа ночи. Вы лежите в постели уже четыре часа, и ваше тело давно успокоилось. Грудная клетка мерно поднимается и опускается — вы делаете в среднем 12–16 вдохов в минуту. Ровное, едва слышное дыхание несет вас сквозь ночь. Мышцы расслаблены; если вы и шевелитесь, то лишь вздрагиваете во сне (или ненадолго выныриваете из забытья — и тут же, толком не проснувшись, переворачиваетесь на другой бок). Пульс тоже меняется. Он замедляется — словно мелодия, которая из живого аллегро переходит в мягкое адажио. Так мне это когда-то описал один профессор — сам я, к сожалению, в классической музыке не разбираюсь. В фазе глубокого сна пульс достигает самой спокойной точки — от 40 до 60 ударов в минуту: будто само сердце берет передышку, чтобы набраться сил. Все тело подчиняется этому ритму. Но чем в это время занят ваш мозг?

Если бы я писал эту книгу 100 лет назад, она не начиналась бы посреди ночи. Вплоть до середины XX века наука полагала, что во время сна в мозге не происходит ничего особенного. Сон считался не более чем пассивной фазой восстановления: мозг по большей части якобы отключается и спокойно ждет, пока наутро ему снова не позволят взяться за дело. Сновидения же воспринимались как своего рода икота мозга — случайное и бессмысленное подергивание нервных клеток, которым по ночам, в общем-то, и вовсе не полагалось быть активными. Да и можно ли считать это активностью? В некоторых культурах к снам относились с опаской, считая переходом в иной, темный мир — по ту сторону сознания.

Все изменилось лишь после того, как в 1924 году немецкий психиатр и невролог Ханс Бергер создал первый электроэнцефалограф (ЭЭГ). За этим изобретением стояло открытие: миллиарды нервных клеток в мозге, общаясь друг с другом, порождают электрические сигналы — и эти сигналы можно измерить. Для этого исследователи с помощью геля или специальной пасты закрепляют на коже головы маленькие металлические пластинки — так называемые электроды. Они улавливают электрические сигналы мозга прямо через кожу. Слабые сигналы усиливаются и записываются в виде волн. У этих волн могут быть разные частоты и паттерны: альфа-волны — когда мы бодрствуем и расслаблены, бета-волны — когда мы сосредоточенны и активны, дельта-волны — когда мы погружены в глубокий сон.

Выходит, что мозг ни в коем случае не отдыхает. Во время сна он чрезвычайно активен. Однако то, что сновидения подчиняются определенной закономерности, стало известно лишь в 1950-х годах. Ключевую роль в этом научном прорыве сыграли трое американцев из Чикагского университета — Юджин Асерински, Натаниэль Клейтман и Уильям Демент. Асерински в то время был аспирантом в лаборатории сна Клейтмана, и ему поручили наблюдать за движениями глаз младенцев во сне. Он толком не понимал, что именно ищет, — а потому просто сидел и смотрел на спящих малышей, находя это занятие весьма скучным. И вот в 1951 году, отслеживая с помощью так называемой электроокулограммы глазную активность во сне своего сына и других участников эксперимента, он случайно заметил, что глаза за закрытыми веками двигаются. Эти движения он описал как «быстрые и отрывистые». Они возникали периодически и синхронно с сигналами мозга, а это указывало на то, что мозг во время сна отнюдь не бездействует.

Работа Асерински заложила основы понимания того, что мы сегодня называем фазами быстрого сна, или REM-фазами. REM расшифровывается как rapid eye movement — «быстрые движения глаз». Сейчас мы знаем, что примерно каждые 90 минут мозг проходит полный цикл сна: сначала легкий сон, затем глубокий и, наконец, фаза быстрого сна, в которой мы видим большинство сновидений. При восьмичасовом сне на быстрый сон приходится примерно 20–25% всего времени. Причем на протяжении ночи эта фаза удлиняется: в начале она может длиться всего несколько минут, а ближе к утру — растягиваться до 30–40.

Вскоре после этого открытия в лаборатории Клейтмана появился молодой студент-медик — уже упомянутый Уильям Демент. Именно он вместе с Клейтманом впервые систематически исследовал связь между фазой быстрого сна и сновидениями. Эксперимент проходил так: днем его взрослые участники вели обычную жизнь, нормально питались, но воздерживались от кофе и алкоголя. Незадолго до привычного времени отхода ко сну они приходили в лабораторию и ложились спать в тихой темной комнате. Демент, как и Асерински до него, использовал электроэнцефалограф для регистрации мозговой активности, а также закреплял электроды вокруг глаз, чтобы фиксировать электрические сигналы, возникающие при движении глазных яблок.

Уже тогда, в сущности, было понятно: мозг не может позволить себе тратить столько времени на случайные и бессмысленные подергивания. У них должен быть какой-то смысл. Но какой? Демент обнаружил, что в фазах активного движения глаз мозг работает на полную мощность, а это резко противоречило тогдашним представлениям. Однако связаны ли эти фазы со сновидениями? На этот сложнейший вопрос студент-медик ответил обезоруживающе просто. Он будил испытуемых (например, звонком) и спрашивал: «Что вам сейчас приходило в голову?» или «Вы сейчас что-то видели, что-то переживали?» Если участники эксперимента видели сон, их просили его описать. Результаты показали: большинство людей говорили о ярких сновидениях именно во время фаз быстрого сна. Если же их будили в другие фазы, они рассказывали о таких снах значительно реже.

Активность мозга во время быстрого сна порой приводит к довольно забавным последствиям. Мне, например, недавно приснилось, что мы с Яном Бёмерманном* закадычные друзья. Во сне мы сидели у меня дома и играли в «Колонизаторов». Бёмерманн был вовсе не остроумен, а наоборот — злился, потому что я отказывался меняться с ним глиной. (Простите, Ян!)

---

* Ян Бёмерманн — немецкий комик и телеведущий.

Проснувшись, я сразу понял, что это был сон. Но так бывает не всегда. Наверняка и вам случалось видеть сны настолько реалистичные, что после пробуждения требовалось несколько минут, чтобы сообразить: подождите, мне это приснилось? А бывало, наверное, и так, что вы просыпались в холодном поту, потому что кошмар буквально вытолкнул вас из сна. И возможно, вы из тех, кто каждое утро в подробностях пересказывает партнеру все, что приснилось за ночь.

При всем своем разнообразии эти сны имеют кое-что общее: все они рождаются в мозге. И бывают настолько причудливыми, что один из ведущих специалистов в этой области сравнивает их с психозом. Мэттью Уолкер — профессор нейронаук и психологии Калифорнийского университета в Беркли*, директор университетской лаборатории сна, в прошлом — профессор психиатрии Гарвардского университета. По его мнению, есть пять причин считать это сравнение весьма точным.

Когда вы видите сны…

…вы видите то, чего нет. Иными словами, у вас галлюцинации.

…вы верите в то, что не может быть правдой. Иными словами, вы бредите.

…вы произвольно смешиваете время, место и людей. Иными словами, вы теряете ориентацию.

…ваши эмоции скачут из крайности в крайность. В психиатрии это называется аффективным расстройством.

…вы просыпаетесь утром и не помните почти ничего из увиденного.

---

* Минюст признал Калифорнийский университет в Беркли нежелательной организацией на территории России.

Мэттью Уолкер отмечает: испытай мы хотя бы одно из этих состояний наяву, нам стоило бы немедленно обратиться к врачу. Но во сне все это совершенно нормально.

За последние 20 лет ученые все пристальнее изучают, что именно происходит в мозге во время фаз быстрого сна и какова нейронная природа сновидений. Нейрохирург и нейробиолог Рахул Джандиал пишет в своей книге «Почему мы видим сны» (This Is Why You Dream): «Нейронаука показывает, что граница между сном и бодрствованием далеко не такая четкая, как принято считать. Сновидения способны помочь в решении задач, в освоении музыкального инструмента, иностранного языка или танца, в занятиях спортом. Они могут кое-что нам сказать о нашем здоровье и даже предвосхитить будущее». Выходит, чем больше мы знаем о снах, тем больше пользы можем из них извлечь.

Поэтому давайте разберем ответы на три вопроса. Первый: что именно происходит в мозге, когда мы видим сны? Второй: как мозг решает, что нам приснится, а что нет? И третий: для чего вообще нужны сновидения?

Что происходит в мозге, когда мы видим сны

Как во многих других областях нейронауки, в исследовании сновидений огромную роль играет магнитно-резонансная томография. Аппарат МРТ вы наверняка себе представляете: ложишься на кушетку, тебя задвигают в узкую трубу, и машина начинает оглушительно грохотать. Когда же нужно отследить активность мозга в реальном времени, применяют особую разновидность этого метода — функциональную магнитно-резонансную томографию, или фМРТ. Она позволяет определить, в каких областях мозга усиливается кровоток, — а это косвенный показатель нейронной активности. Работает это так: аппарат создает мощное магнитное поле, которое воздействует на атомы водорода в молекулах воды нашего тела. Эти атомы выстраиваются вдоль силовых линий поля, как крошечные стрелки компаса. Затем аппарат посылает радиочастотные импульсы, которые на мгновение «опрокидывают» атомы водорода. Когда импульс прекращается, атомы возвращаются в исходное положение и при этом испускают сигнал. Аппарат улавливает эти сигналы, измеряет их интенсивность и местоположение — и на основании этих данных выстраивает изображение мозга. Важный нюанс: фМРТ не напрямую измеряет электрическую активность нервных клеток, а фиксирует изменение уровня кислорода в крови в разных участках мозга. Дело в том, что кровь, насыщенная кислородом, и кровь, в которой кислорода меньше, обладают разными магнитными свойствами. Когда какая-то область мозга становится активнее — например, если человек думает, воспринимает зрительную информацию или вспоминает, — ей требуется больше кислорода. Кислород доставляется с кровью, и на снимках фМРТ видно, куда устремляется обогащенная кислородом кровь. Активные зоны вспыхивают на экране яркими цветными пятнами.

Если бы меня засунули в такую трубу среди ночи, стало бы видно: в фазе быстрого сна я провожу в среднем 1 час 51 минуту за ночь — чуть больше нормы. Так, по крайней мере, утверждают мои умные часы, с которыми я не расстаюсь даже ночью. Когда мы видим сны, четыре области мозга резко наращивают активность. Это объясняет, почему наши сны бывают такими причудливыми. И как в моем сне вдруг очутился Ян Бёмерманн.

Начнем с темпорально-окципитальных ареалов — областей на стыке височных и затылочных долей. Именно сюда, помимо прочего, поступают сигналы от глаз. Эти области — своего рода встроенные VR-очки: вместе они образуют зрительную кору. Казалось бы, когда вы спите и глаза закрыты, здесь должна царить тишина. Но нет: во время быстрого сна зрительная кора демонстрирует повышенную активность. И это логично — ведь сны мы «видим». Они состоят из сцен, картинок, целых последовательностей. Активность визуально-пространственных зон объясняет, почему наши сны так часто выглядят ярко и живописно. В конце концов, они вполне могли бы каждый раз разворачиваться в унылых серых бескрайних пустошах. Но это не так. Мы бредем через болота и леса, оказываемся в чьих-то квартирах, а зрительная кора в это время буквально пускается во все тяжкие.

Вторая область, которая особенно активна во время сновидений, — гиппокамп. Это небольшая изогнутая структура, по форме напоминающая морского конька. Гиппокамп играет ключевую роль в работе памяти, в том числе автобиографической, — то есть хранит личные воспоминания. Именно его активация, кстати говоря, объясняет появление в моем сне Яна Бёмерманна. Он часть моей автобиографической памяти: мы однажды мельком пересеклись, когда я вместе с редакцией его программы на ZDF готовил материал о вальдорфских школах.

Третья область — моторная кора. Хотите узнать, где она находится? Поднимите руку и постучите указательным пальцем по макушке — вы попадете почти точно в нужное место. Когда вы спите, тело неподвижно и, казалось бы, моторной коре самое время отдохнуть. Однако стоит начаться сновидению — и ее нейроны приходят в действие. Вероятно, она «прокручивает» двигательные программы, заново проигрывая или моделируя движения.

И наконец, четвертая группа — миндалевидное тело и поясная кора. Обе эти области играют важнейшую роль в возникновении и оценке эмоций.

Пока эти четыре области (а точнее — целые нейронные сети) буквально бурлят от активности, одна зона, наоборот, устраивается поудобнее и берет выходной — это дорсолатеральная префронтальная кора. Она расположена в боковой части лобной доли, чуть выше глазниц. Префронтальная кора — это своего рода генеральный директор вашего мозга. Она участвует в планировании и организации действий, играет ключевую роль в принятии рациональных решений, когда нужно взвесить разные варианты и выбрать лучший. Она же отвечает за самоконтроль, помогает удерживать внимание, отсеивать лишнее и сосредоточиться на задаче. Когда вы крутите пальцем у виска, вы, по сути, сообщаете собеседнику: «У тебя с префронтальной корой явно что-то не так!»

Словом, префронтальная кора — ключевая область для человека. В этой книге мы будем возвращаться к ней не раз. Но когда мы засыпаем и начинаем видеть сны, ее активность падает. Возможно, именно поэтому нам так часто снится то, что с точки зрения логики попросту невозможно. Мне, например, однажды приснилось, что вся моя квартира заполнена шоколадным пудингом. Строго говоря, это не невозможно — но крайне маловероятно. А в некоторых снах мы и вовсе летаем или разговариваем с животными. И все это главным образом потому, что «генеральный директор» нашего мозга ушел на перерыв.

Чуть выше я уже объяснял, как гиппокамп отвечает за то, что в наших снах появляются лучшие друзья и знакомые. Но почему вместе с ними активируются и области, связанные с эмоциями, — миндалевидное тело и поясная кора? К этому мы вернемся чуть позже, когда будем разбираться, зачем вообще нужны сновидения. А пока обратимся к более фундаментальному вопросу.

Как мозг решает, что нам приснится, а что нет

Есть один боевик 2010 года, который я пересматривал как минимум раз пять. Вы его наверняка знаете — «Начало». В этом фильме американские военные разработали технологию совместного погружения в сон, позволяющую манипулировать сновидениями ничего не подозревающих людей.

Главный герой, Доминик Кобб (Леонардо Ди Каприо), специализируется на краже ценной информации из чужого подсознания — прямо во время сна жертвы. После провала очередного задания ему поручают пойти еще дальше: провести так называемую инцепцию — внедрить мысль в подсознание человека. Разумеется, все это научная фантастика. Но порой мы к ней ближе, чем кажется.

Люди видят сны с незапамятных времен. В далеком прошлом — а именно в Древнем Египте — их считали формой божественного вмешательства, посланием небес. Впрочем, волей богов тогда объясняли всё, чему не находилось другого объяснения. Позднее Зигмунд Фрейд сместил точку отсчета: сновидения стали связывать не с божественным промыслом, а с бессознательным как частью человеческой психики. Фрейд разработал теорию, согласно которой сны — это выражение наших неосознанных желаний. Вытесненные, эти желания преобразуются мозгом в сновидение и маскируются в нем.

По Фрейду, наши подавленные желания проходят во сне через внутреннего цензора и выходят «с другой стороны» в виде переживаний, которые сам сновидец уже не способен распознать. Фрейд был убежден, что понимает, как работает этот цензор, что может расшифровать скрытый смысл снов — и тем самым узнать о своих пациентах нечто, способное им помочь. Звучит захватывающе, но Фрейд допускал огромную ошибку. Или все-таки нет? Так или иначе, его теория была ненаучной: в ней не содержалось ни одного положения, которое можно было бы проверить объективно. А для научной теории это обязательное условие.

Вопрос о том, что нам снится, занимает человечество с античных времен, однако систематические научные исследования начались сравнительно поздно. Современная нейронаука взялась за изучение содержания и природы сновидений лишь несколько десятилетий назад — и за это время успела породить немало теорий. В 1977 году американские психиатры и нейробиологи Аллан Хобсон и Роберт Маккарли впервые выдвинули идею о том, что сны порождает не Бог и не подсознание, а сам мозг. По их мнению, все начинается со случайной нейронной активности в стволе мозга, которую затем пытается истолковать кора больших полушарий. Свою концепцию они назвали теорией активации-синтеза. Суть ее в том, что нервные клетки возбуждаются без какого-либо умысла, а кора на ходу выстраивает из этих хаотичных сигналов более или менее связную историю.

Другая теория распространена еще шире — так называемая гипотеза непрерывности сновидений. Согласно ей, сны — это воспроизведение нашего дневного опыта и прошлых воспоминаний: нам попросту снится то, что мы пережили за день. Сновидения в таком случае — что-то вроде кино, в котором мы играем главную роль.

Американский психиатр Роберт Стикголд решил проверить именно эту гипотезу. Он попросил участников эксперимента вести дневники сновидений, а затем сопоставил записи с тем, что эти люди действительно переживали наяву. Результат оказался неожиданным: в 65% отчетов сны действительно перекликались с отдельными фрагментами дневного опыта, но точное воспроизведение реальных событий встречалось лишь в 1–2% случаев. Другие исследования подтверждают: даже когда знакомые места и люди из нашей жизни появляются во сне, мозг, похоже, не прокручивает пережитое заново. Скорее, он перетасовывает элементы и складывает из них совершенно новые сцены. И вот вы уже жонглируете учителем математики или проигрываете в баскетбол собственной кошке.

Судя по всему, во сне мы не просто пересматриваем «фильм», отснятый за день. Однако выяснилось еще коечто важное: сильные эмоции — будь то радость, страх или гнев — словно имеют ВИП-пропуск в мир сновидений. Исследования показывают, что эмоционально насыщенные переживания попадают в наши сны гораздо чаще, чем нейтральные бытовые ситуации. А это противоречит идее о том, что сновидения порождаются случайным и бессмысленным возбуждением нервных клеток. Мне эта мысль кажется любопытной еще и потому, что мы, люди, склонны подавлять неприятные эмоции. И если во сне вы, скажем, ревнуете — это может означать, что и наяву вы испытывали ревность, пусть даже не хотели себе в этом признаваться. Можно сказать так: эмоциональный подтекст прожитого дня ночью выносится на повторное слушание — только на безопасных подмостках нашего внутреннего театра.

Но может ли исследование мозга продвинуться еще дальше? Можно ли выяснить, что именно снится человеку, записывая активность его мозга во время сновидений? Это был бы первый шаг в направлении инцепции — то есть понять, как зарождаются сны. Можно ли, скажем, читать содержание снов?

Что ж, можно. Идея чтения снов основывается на принципиальном предположении, что всё, что мы переживаем (и во сне тоже), отражается в определенных паттернах активности в мозге. Именно на этом базируется так называемая декодирующая нейровизуализация. Пожалуй, самый известный эксперимент в этом направлении, который стал важной вехой, был проведен в Киото в 2013 году под руководством Юкиясу Камитани. Исследователи регулярно прерывали сон трех участников эксперимента, которые спали в МРТ-сканере, во время фазы засыпания — то есть еще на раннем этапе сновидений — и сразу спрашивали, что им только что снилось.

Предварительно ученые разработали алгоритм, использовав тысячи изображений, так что им было известно, какие участки мозга активируются, когда человек видит, скажем, автомобиль или сад. Эти данные они сопоставили с показаниями МРТ, полученными во время сна участников эксперимента, и смогли соотнести паттерны мозговой активности с конкретным содержанием сновидений. Иными словами, когда испытуемый «видел» во сне дерево, в его зрительной коре загорались те же зоны, которые активировались, когда он смотрел на реальный парк. Это позволило ученым считывать по данным мозговой деятельности, что именно человеку снилось, — и их прогнозы оказывались верными слишком часто, чтобы это можно было бы списать на случайность. Разумеется, до точного анализа в духе «вам приснился Ян Бёмерманн, и вы с ним поссорились за партией в “Колонизаторов”» еще далеко. Но главное уже очевидно: путь к чтению снов открыт.

Почему у сновидений может быть терапевтический эффект

К этому моменту у вас уже должно было сложиться общее представление о том, как возникают сновидения, как они устроены и какие переживания в них попадают, а какие нет. Но один ключевой вопрос мы пока не затронули: а зачем вообще нужны сновидения? Есть ли в них смысл? Могут ли они нам помочь?

Еще как могут! Сон сам по себе чрезвычайно важен для памяти. Именно в фазах глубокого сна мы закрепляем воспоминания. В это время новая информация перемещается из гиппокампа, расположенного в глубине мозга, в кору больших полушарий и там консолидируется — так формируются долговременные воспоминания. Напомню: кора больших полушарий — это, если вы вспомните нашу модель с рукой, пальцы, которые вы согнули поверх большого. Консолидация — термин, за которым стоит важнейший переход: то, что было медленным, осознанным и трудоемким процессом, становится быстрым, автоматическим и больше не требует усилий. В мозге этот переход можно в буквальном смысле увидеть. Когда ребенок учится читать, у него задействованы области, которые позднее почти не участвуют в процессе: зрительные зоны, отвечающие за распознавание букв, участки височной доли, а также области префронтальной коры — той самой, что необходима для принятия осознанных решений. Но когда вы читаете эти строки, вашему мозгу — к счастью — уже далеко не так тяжело, как было во втором или третьем классе.

Этот переход — от осознанного к автоматическому — универсален для любого обучения, будь то чтение, игра на фортепиано или счет. В первом классе каждая арифметическая операция требует огромных усилий. 2 + 9 — задачка, над которой приходится попотеть: мы отсчитываем 3, 4, 5, 6, 7, 8, а то и загибаем пальцы. Но чем чаще мы считаем, тем более автоматическим становится процесс. И тут становится понятно, почему консолидация так важна: если в 11-м классе на уроке математического анализа вы все еще тратите три минуты на сложение 2 + 9, далеко вы не продвинетесь. Консолидация позволяет мозгу экономно расходовать ресурсы.

Как именно мозг этого добивается, помогают увидеть эксперименты на крысах. Глядя на маленького серого грызуна, деловито снующего по клетке, вы вряд ли сразу поймете: «Ага, так вот как устроен мой мозг!» И тем не менее именно ради этого на протяжении столетий проводились тысячи экспериментов. Мыши и крысы удивительно близки к нам биологически: те же нейромедиаторы, те же базовые нейронные контуры, отвечающие за обучение, страх и вознаграждение. Их небольшой мозг — упрощенная модель процессов, которые у нас протекают многослойнее, запутаннее и порой противоречивее.

Однако есть и обратная сторона: мыши и крысы — это не маленькие люди. Они не знают слов «сон» или «книга».

Они, насколько нам известно, не ведут внутренних монологов, а их мир заканчивается там, где заканчиваются их лапки. Между рефлексом в клетке и переживанием в голове, способной размышлять о самой себе, — пропасть. Поэтому результаты опытов на животных ни в коем случае нельзя переносить на человека напрямую. А когда-нибудь — и с этим согласны многие ученые — от таких экспериментов и вовсе стоит отказаться, ради самих животных. Нейронаука уже движется в этом направлении: клеточные модели, искусственный интеллект и виртуальные симуляции позволяют сегодня изучать процессы в мозге, для исследования которых прежде были нужны мыши и крысы.

Лично я полагаю, что проводить опыты на животных больше не стоит, но нельзя отрицать, что они не раз подталкивали науку в верном направлении. Поэтому на их результаты все же стоит обратить внимание. Это касается и вопроса о том, как мозг закрепляет информацию во сне. В гиппокампе есть так называемые клетки места — нейроны, которые кодируют конкретные точки в пространстве. Если пустить крысу по коридору, некоторые из этих клеток срабатывают, когда животное находится в начале коридора. Другие активируются, когда оно добирается до середины. Третьи — только когда оно достигает дальнего конца. У каждой точки на пути — своя клетка. И вот что важно: с годами выяснилось, что эти данные прекрасно переносятся на человека. У нас точно так же формируется своего рода нейронный GPS — система, которая сообщает нам, где мы находимся, без всякого сознательного усилия с нашей стороны. Каждая клетка места — как булавка на внутренней карте мозга.

Но вернемся к крысам. Если записать активность клеток места и загрузить эти данные в компьютерную программу, она сможет определить, где именно находилась крыса, — исключительно по сигналам нейронов.

Когда ученые пускают крыс по коридору и записывают активность клеток места, обнаруживается удивительная вещь: во время сна те же самые нейроны активируются в той же последовательности, что и днем. Но есть важное различие — скорость. Во сне последовательность активации ускоряется примерно в 20 раз. Мозг словно прокручивает дневной маршрут в режиме перемотки. И здесь ученые тоже применили декодирующую нейровизуализацию — и по активности нейронов во время сна смогли точно определить, где крыса побывала накануне.

Исследователи полагают, что нечто похожее происходит и у человека. Благодаря такой реактивации мозг может сотни раз за ночь прокручивать дневные впечатления, закрепляя их в памяти. Возможно, именно это закрепление — одна из главных причин, по которым мы вообще спим. Но есть важный нюанс: ускоренная «перемотка» происходит преимущественно в тех фазах сна, когда мы не видим сновидений. Так что мы в любом случае ничего об этом не узнаём.

Однако в последние годы выяснилось, что во время сновидений мозг идет еще дальше. В фазе быстрого сна он, судя по всему, перемешивает свежие воспоминания со старыми, выстраивая между ними новые связи, — что-то вроде компиляции всей нашей жизни. И похоже, что именно этот процесс лежит в основе того, к чему мы все стремимся, — креативности.

Что это означает на практике? Проанализируем одно исследование, которое проводилось в течение нескольких дней. Участникам предлагались сложные вычислительные задачи. Но они не знали, что для решения был возможен короткий путь — простой прием, позволявший резко сократить время вычислений и сразу прийти к верному ответу. До отхода ко сну этот прием обнаружили лишь немногие. Когда участники поспали, число догадавшихся удвоилось! А вот те, кому поспать не удалось, вовсе не увидели быстрого решения. И что характерно: результаты не зависели от того, когда именно участники решали задачи. Даже если днем им давали значительно больше времени, результаты не менялись. Значит, дело было не в дополнительном времени как таковом. Ключевую роль играл сон. Но может быть, и сновидения тоже? Скорее всего.

Исследователь сновидений Мэттью Уолкер и его команда тоже будили участников экспериментов посреди ночи. Одних выдергивали прямо из фазы быстрого сна — то есть буквально из сновидений, — возвращая в реальность. Других будили в иные фазы. После пробуждения все решали различные задачи. Оказалось, что те, кого вырвали прямо из сновидений, справлялись с заданиями более чем на 30% лучше. Но дело было не только в результатах — менялся сам подход к решению. Вместо того чтобы идти проторенными путями, участники, разбуженные во время быстрой фазы сна, выбирали новые, неожиданные (некоторые сказали бы — гениальные) стратегии. Мэттью Уолкер говорит об этом в своем подкасте: «На мой взгляд, это указывает на то, что сновидения — биологическая основа креативности».

Но для креативности, похоже, важен не только сам факт, что мы видим сны, но и то, что именно нам снится. В одном эксперименте участникам нужно было найти выход из чрезвычайно запутанного лабиринта. Выяснилось, что сны напрямую влияли на их результаты: те, кому во время короткого сна приснился лабиринт, справлялись с задачей в среднем в 10 раз лучше тех, кто не спал вовсе или кому лабиринт не снился.

Итак, запомним: сновидения делают нас креативнее и помогают лучше справляться с задачами. Но у снов есть еще одна способность, о которой вы, скорее всего, даже не подозреваете. Снова обратимся к Мэттью Уолкеру. Он нередко называет сновидения эмоциональной первой помощью. Что он имеет в виду?

Чтобы это понять, важно учесть одну особенность: наша память никогда не сохраняет событие просто как факт — вместе с ним она всегда записывает и те эмоции, которые мы при этом пережили. Допустим, неделю назад вас бросила любимая или от вас ушел муж. В памяти сохранится не только сама сцена, когда и как вам объявили о разрыве («Все, хватит! Я больше не могу! Я ухожу!» Чемодан собран. Захлопнулась дверь. Всё кончено). Вместе с этой сценой сохранится и то, как вы себя при этом чувствовали (ужасно). Потом вы будете плакать от одного лишь воспоминания. Но пройдет год — и та же самая сцена уже не вызовет прежней боли. Время лечит, как известно. Но что, если дело не во времени как таковом? Что, если за этим стоят сновидения?

Красивая гипотеза. Но все гипотезы нужно проверять. И хорошо, что нашелся человек, который этим занялся: Розалинд Картрайт, в определенных кругах известная как «королева снов». До своей смерти в 2021 году — она скончалась в Чикаго в возрасте 98 лет — Картрайт была в списке первопроходцев в области изучения сна и сновидений. В одном из исследований она наблюдала за снами людей, впавших в депрессию после тяжелого эмоционального потрясения, например разрыва с партнером. Участники записывали, что им снилось. Неудивительно, что сны видели все. Но лишь некоторым снилось именно то событие, которое стало причиной их страданий. И тогда Картрайт придумала ловкий ход: спустя год после первой фазы эксперимента она снова обратилась к его участникам. Она хотела выяснить, кому из них удалось справиться с депрессией и тревогой, а кто продолжал страдать. И обнаружила поразительную закономерность: участники, которым снилось пережитое потрясение, сумели избавиться от депрессии. Сновидения работали как своего рода ночная психотерапия — так это называет Мэттью Уолкер. Только без многомесячных очередей. Как же мозгу это удается?

Во время фазы быстрого сна — той самой, в которой мы видим самые яркие сны, — мозг, судя по всему, определенным образом разряжает эмоциональные воспоминания. Само событие по-прежнему хранится в памяти, но при воспоминании о нем больше не накатывают гнев и печаль. Воспоминание остается, а боль отступает. И вот мучительная ссора со временем превращается в сцену, о которой можно думать, не заливаясь слезами. Вернемся к нашему примеру: когда-нибудь вы будете помнить, что ваша любимая или ваш мужчина ушли после бурного скандала — чемодан, хлопнувшая дверь, всё кончено, — но эмоциональный шок и горечь, которые вы тогда испытали, перестанут быть неотъемлемой частью этого воспоминания.

В последние годы появилось множество подтверждений, что этот механизм работает именно так. Более того, можно в буквальном смысле наблюдать, как мозг отделяет эмоции от воспоминаний. Выяснилось даже, что уже первая ночь после важного события порой имеет значение. В одном эксперименте участникам показывали набор эмоциональных и нейтральных изображений. После просмотра одна половина группы ложилась спать, другая бодрствовала всю ночь. Затем проводился тест — через три дня, а потом еще один, заранее не анонсированный, спустя шесть месяцев. Всех участников снова помещали в томограф и просили вспомнить увиденные изображения. Исследователей прежде всего интересовало, какие зоны мозга активируются при воспоминании и есть ли различия между спавшей и не спавшей группами. Результат: у тех, кто после первого просмотра изображений лег спать, при воспоминании об эмоциональных картинках спустя полгода наблюдалась более выраженная активация медиальной префронтальной коры — области, которая отвечает за оценку, регуляцию и осмысление эмоциональной информации. Одновременно у этой же группы сильнее активировалось миндалевидное тело — область, считающаяся центром эмоционального возбуждения. На первый взгляд это звучит парадоксально. Однако обнаружилось и другое: связь между миндалевидным телом и медиальной префронтальной корой у спавшей группы тоже оказалась прочнее. Ученые интерпретируют это так: сон не обязательно приглушает эмоциональное возбуждение (стресс или тревогу), но меняет способ обработки и хранения воспоминания, делая его потенциально более эффективным.

Похоже, что быстрый сон не просто закрепляет эмоциональные воспоминания, но и перестраивает их: перемещает из преимущественно эмоциональных контуров (миндалевидное тело) в более рациональные структуры (префронтальная кора), способствующие трезвому взгляду на пережитое и позволяющие оценить его, соразмерить и разложить по полочкам.

Но верно и обратное: если эмоционально тяжелые переживания так и не проникают в ваши сны, вы лишаетесь ночной терапии. Впрочем, можно попробовать мягко направить сновидения в нужную сторону. Запишите перед сном тревожащие мысли или события — это поможет вывести их на поверхность сознания и, возможно, повысит шансы на то, что они проявятся во сне. Перед засыпанием можно также мысленно вернуться к беспокоящей ситуации и подумать, как бы вы могли ее разрешить. Такая ментальная подготовка способна повлиять на содержание сновидений. Правда, никаких гарантий здесь нет. Наши сны по-прежнему определяются преимущественно бессознательными процессами. К тому же подобные попытки могут привести к обратному эффекту — ухудшить качество сна. А крутиться перед сном на карусели тревожных мыслей — далеко не всегда удачная затея.

Откуда берутся кошмары

Раз уж мы заговорили об эмоциональных потрясениях — обсудим, почему наш мозг посреди ночи устраивает нам мрачные мини-спектакли, от которых мы просыпаемся в холодном поту. Люди задавались этим вопросом испокон веков — потому что кошмары снились им всегда. А значит, и теории на этот счет существуют очень давно. В средневековой Европе, например, считалось, что кошмары насылают демонические существа. Само немецкое слово Albtraum («кошмар») восходит к слову Alb — так в германской мифологии называли ночного духа, который усаживался спящему на грудь и не давал ему покоя. Поверье было распространенным: считалось, что альб не только приносит тяжелые сны, но и сковывает страхом, вызывает удушье и заставляет пробуждаться с бешено колотящимся сердцем.

Однако к кошмарам применимо то же, что и к обычным сновидениям: это не злая проделка ночного духа, а результат определенных процессов в мозге. И пожалуй, еще важнее другое: кошмары снятся всем. Независимо от возраста, питания и привычек.

По словам исследователя сновидений Рахула Джандиала, в кошмарах прослеживаются устойчивые сюжеты, повторяющиеся по всему миру на протяжении столетий: неудачи, чувство беспомощности, физическое насилие, аварии, погоня, болезни, смерть. Для кошмаров характерны долгие, яркие, пугающие переживания, от которых мы то и дело просыпаемся. Чаще всего под угрозой оказывается наша жизнь или здоровье. Но иногда — самооценка. Когда над вами смеются в компании или вас раз за разом отвергают друзья — это тоже кошмар. А вы тем временем чувствуете страх, гнев, горечь. Дыхание сбивается, пульс взлетает, вас бросает в пот. Но зачем все это? Чтобы ответить на этот вопрос, нужно осознать, что мозг не просто думает, но и непрерывно занят сортировкой эмоций. И порой это означает: мозг инсценирует страх, чтобы обрести над ним контроль.

Пожалуй, самое известное объяснение кошмаров предложил финский исследователь сознания Антти Ревонсуо. Его теория симуляции угроз (Threat Simulation Theory) гласит: кошмары — это тренировочный метод мозга, своего рода ментальный спортзал для отработки опасных ситуаций. Сны, в которых нас преследуют, нам угрожают, причиняют боль, помогают лучше справляться с реальными угрозами наяву. Как если бы мозг ночью прокручивал худшие сценарии, чтобы днем мы были готовы к ним.

Ревонсуо пишет: «В среде обитания наших предков жизнь была короткой и полной опасностей. Любое поведенческое преимущество при столкновении с серьезными угрозами повышало шансы на репродуктивный успех». По его мнению, этот механизм сновидений — когда мозг берет пугающие дневные события и раз за разом проигрывает их ночью в разных комбинациях — оказался для эволюции человека чрезвычайно ценным. По словам Ревонсуо, благодаря ему наши предки учились избегать опасностей. Иными словами — и это стоит повторить, — мозг инсценирует страх, чтобы обрести над ним контроль.

Уже сам факт, что кошмары снятся всем без исключения, наводит на мысль, что у них есть определенная функция. Рахул Джандиал пишет об этом в своей книге «Почему мы видим сны»: «Если учесть, сколько времени мы на них тратим, кошмары в каком-то смысле заслужили свое право на существование, пройдя через поколения эволюционного отбора. Я полагаю, что они сохранились именно потому, что приносят пользу».

Впрочем, некоторые исследователи смотрят на кошмары не столь оптимистично — например, Росс Левин и Торе Нильсен. Американский психолог и канадский психиатр считают: да, обычные сновидения помогают нам переработать эмоциональный опыт и служат своего рода ночной перезагрузкой. Но кошмары возникают тогда, когда эта система дает сбой. Слишком сильный стресс обрушивается на мозг, и без того чрезмерно чувствительный к негативным переживаниям. В результате — сон, который не помогает переработать эмоции, а захлестывает с головой.

Хорошая новость: большинство кошмаров не оставляют следов — ни в теле, которое на короткое время работает на износ, ни в мозге. Оговорюсь сразу: я сейчас не о повторяющихся кошмарах, вызванных тяжелой психологической травмой. Речь идет о более или менее обычных кошмарах, которые психотерапевт не посчитал бы расстройством.

Даже у детей, которые иногда просыпаются среди ночи и, зареванные, забираются в родительскую постель, ночные потрясения к утру обычно проходят бесследно. Для них сны — это эмоциональная игровая площадка, на которой они исследуют собственное «я». И это не поэтическое преувеличение. За детскими кошмарами может стоять нечто большее, чем кажется на первый взгляд. Один из ведущих мировых специалистов в этой области — немецкий психолог сновидений Михаэль Шредль из Центрального института психического здоровья в Мангейме. Его многолетние исследования показывают, что кошмары в детстве не просто часто встречаются — дети нередко борются с ними на протяжении многих лет. И это важно, потому что чем устойчивее кошмары, тем сильнее сопутствующие эмоциональные проблемы: тревожные расстройства, трудности с регуляцией эмоций. Проще говоря, дети, которым регулярно снятся кошмары, и днем переживают чувства острее. Но именно это столкновение с собственным внутренним миром — нравится нам это или нет — и есть один из глубинных процессов формирования личности.

Шредль настаивает на том, что кошмары заслуживают серьезного отношения не только как симптом, но и как самостоятельный психологический феномен: они часто остаются без диагноза и лечения, хотя тесно связаны с психическим благополучием. Дети, которые учатся осмыслять и перерабатывать свои кошмары — через рассказ, рисунок, разговор со взрослыми, — постепенно приходят к пониманию, что их внутренний мир имеет значение. А это, по сути, основа для осознания того, что существует такая вещь, как собственное «я». Ребенок понимает:

я — тот, кто чувствует, и мои чувства реальны, их можно назвать и рассказать о них. А раз дети только формируют это «я», вполне логично, что кошмары снятся им примерно в пять раз чаще, чем взрослым. Возможно, кошмары как раз и помогают выстраивать самосознание.

Правда, видеть сны мы начинаем не сразу. Младенцы, например, еще не видят снов. Сновидение — это навык, который осваивается в детстве, как и многие другие: произнести первое слово, сделать первый шаг, научиться кататься на велосипеде или санках. Дети начинают видеть сны лишь тогда, когда их визуально-пространственные способности развиваются настолько, что они могут воспринимать мир трехмерно. А персонажи с собственным характером появляются в детских снах не раньше пяти лет — когда ребенок в реальной жизни начинает понимать, что у других людей тоже есть своя воля. И это открытие тут же переносится в его сны.

Что делать с кошмарами

Вы, скорее всего, давно уже не ребенок. И для вас, пожалуй, важнее будет другое: после ночи, когда вам снились кошмары, вы, как правило, психологически уязвимее, чем после ночи без сновидений или со спокойными снами. Причем эта связь работает в обе стороны: медсестры, например, после тяжелого дня чаще видят кошмары, а после кошмаров переживают еще более тяжелые дни. Возникает своеобразная петля «стресс — кошмар», в которой дневная нагрузка и ночные ужасы подпитывают друг друга. У людей с особенно изматывающей работой — например, у медицинского персонала — эта петля может стать хроническим порочным кругом, ведущим к глубокому эмоциональному выгоранию.

Но есть способы разорвать этот круг. Правда, один из них можно сразу исключить — полный отказ от сна. Хотя именно так некоторые пациенты и пытаются спастись от кошмаров. Логика проста: нет сна — нет сновидений. Однако на деле это может только усугубить ситуацию. Недосыпание сбивает суточные ритмы и способно негативно повлиять на сами сновидения. Даже одна бессонная ночь может снизить усвоение глюкозы в префронтальной коре на 6%, притормаживая ее работу. А это значит, что отличить реальность от кошмара мозгу становится труднее.

Так что отказ от сна — точно не выход. Людям, которые страдают от кошмаров на протяжении долгого времени, может помочь особая форма поведенческой терапии — так называемая репетиция мысленных образов (Imagery Rehearsal Therapy). Суть метода — в образном «переписывании» кошмаров. Терапия разработана специально для работы с ними. Пациент выбирает конкретный повторяющийся кошмар, который хочет проработать, и подробно его описывает — со всеми образами, чувствами и событиями. Затем терапевт помогает ему создать новую, более позитивную версию этого сна. Сюжет можно изменить незначительно, а можно переписать целиком. Цель — вернуть себе контроль над сновидением и заменить пугающие элементы нейтральными или позитивными образами.

Принцип чем-то напоминает борьбу с боггартами в третьей книге о Гарри Поттере. На первом занятии с профессором Римусом Люпином Гарри и его одноклассники учатся противостоять боггарту. Боггарты — существа столь же коварные, как кошмары: они принимают облик того, чего вы боитесь больше всего. Профессор Люпин обучает детей заклинанию «Ридикулус», которое превращает боггарта во что-то нелепое. Фокус в том, чтобы мысленно представить, как воплощение твоего страха становится смешным и безобидным. Невиллу Лонгботтому — тому самому неудачнику, который в финальной части саги станет настоящим героем, — боггарт является в образе профессора Снейпа, загадочного и мрачного преподавателя зельеварения. Невилл до смерти его боится. Он произносит «Ридикулус» — и вот боггарт-Снейп уже стоит перед ним в бабушкином платье, шляпе с перьями и с дамской сумочкой в руках.

Репетиция мысленных образов работает по тому же принципу. Если вам, скажем, раз за разом снится, что вас преследуют, вы можете мысленно превратить преследователя в участливого полицейского, который всего лишь хочет вернуть вам монетку, выпавшую из кармана. А громко крикнуть при этом «Ридикулус» точно не повредит.

Впрочем, кошмары большинства людей не настолько яркие, и снятся они не столь часто, чтобы требовалась терапия. Есть и более простые приемы, которые можно попробовать дома. Например, перед сном произнести вслух что-то вроде декларации о намерениях. Лечь в постель и сказать вслух: «Я хочу увидеть сон об отпуске в Италии!» А если вы уже знаете, в каком именно доме будете жить, — еще лучше! Распечатайте фотографию, рассмотрите ее перед сном, а то и положите на тумбочку. Сновидения — процесс прежде всего визуальный, и такие картинки вкупе с намерением вполне могут повысить шансы на то, что вам действительно приснится Италия. А каждый сон об Италии — это минус один кошмар.

Поскольку дневной стресс и тревога повышают вероятность ночных кошмаров, всегда имеет смысл снижать уровень напряжения в течение дня. Проще говоря: меньше работать, не стесняться просить о помощи. Помогают и такие практики, как медитация, йога или упражнения на осознанность, — они действуют как эмоциональный фитнес. Тот, кто учится осознаннее обращаться со своими чувствами днем, дает мозгу меньше поводов заново «перебирать» эмоции ночью.

Возможно, вы помните начало этой главы, где я говорил о том, что сновидения начали связывать с работой мозга сравнительно недавно. Происходит постепенное осознание роли мозга — и это может послужить утешением. Ведь если кошмары рождаются в мозге, а мозг пластичен — то есть способен постоянно перестраиваться и меняться, — значит, мы в силах повлиять на то, чтобы кошмаров стало меньше. Но ни медитация, ни йога, ни самовнушение не избавят от кошмаров полностью. По-настоящему здорово было бы научиться дергать стоп-кран прямо внутри сна. Не просто заниматься профилактикой, а влиять на ход сновидения в процессе. И это действительно возможно.

Как научиться управлять своими снами

Случалось ли вам во сне осознать, что вы спите? Должен признаться: со мной такое произошло всего один раз — и, как назло, именно в те месяцы, когда я работал над этой книгой. Мне приснилось, будто я стою у окна своей новой гамбургской квартиры и смотрю на город, а заодно и в пропасть, потому что живу на четвертом этаже. Высоты я немного побаиваюсь, но тут вдруг понял: это же сон! И сразу полностью расслабился. Перестал смотреть вниз, отошел от окна. Просто так. Не припомню, чтобы подобное случалось со мной раньше. Для таких снов существует специальный термин — люцидные, или осознанные, сновидения. Суть в том, что сновидец понимает: он видит сон, пока еще находится внутри него.

Представление о люцидных снах часто идет дальше простого осознания: речь идет не только о том, чтобы понимать, что спишь, но и о том, чтобы управлять содержанием сна и собственным поведением в нем. Да, я знаю — это снова напоминает фильм «Начало». Неудивительно, что в научном мире к люцидным сновидениям долго относились скептически. Казалось немыслимым, что можно сознательно влиять на такое причудливое явление, как сны. К тому же сновидения долгое время считались слишком субъективными, чтобы их можно было исследовать научными методами. Что это не так, мы уже убедились. Со временем методы стали еще тоньше, и ученые разработали весьма хитроумные экспериментальные схемы, чтобы доказать: осознанные сновидения — вполне реальное явление.

Несколько лет назад исследовательской группе из мюнхенского Института психиатрии Общества Макса Планка удалось переубедить многих скептиков. Все участники эксперимента были уверены, что способны видеть осознанные сны. Их — разумеется — уложили в томограф, поначалу в состоянии бодрствования. Лежа в аппарате, они должны были поочередно сжимать в кулак левую руку, потом правую — и повторять это снова и снова. Тем временем ученые записывали активность мозга и таким образом определили, какие зоны включаются при сжатии каждой из рук. Среди них, конечно же, оказалась моторная кора — область мозга, без которой невозможны целенаправленные движения. Она задействована на всех этапах:

от планирования движения («Сейчас я пробью штрафной в верхний правый угол!») до его выполнения. Заодно ученые смогли установить, какие нейроны в мозге «отвечают» за руки — то есть какие клетки активируются, когда вы двигаете руками или чувствуете прикосновение к ним. Сегодня мы знаем, что у каждой части тела есть свое маленькое представительство в мозге. Если бы вам сегодня проводили операцию на мозге, хирург мог бы прямо во время процедуры определить, какой именно участок отвечает за ваши руки. Достаточно коснуться его зондом, подать слабый электрический импульс — и вы почувствуете покалывание в ладонях.

Схематическое изображение этого распределения в мозге называется гомункулусом. Это слово обозначало искусственно созданного маленького человечка. А в нейронауке гомункулус — это карта мозга, на которой каждому участку соответствует определенная часть тела. Карта эта двойная: сенсорный гомункулус показывает, куда поступают все сигналы, которые вы ощущаете, а моторный — откуда мозг управляет движениями. Вы можете увидеть это на рисунке. И вот что любопытно: вовсе не обязательно крупные части тела (скажем, спина) занимают в мозге больше места. Все определяется сложностью задачи. Руки способны совершать невероятно точные и тонкие движения — писать, играть на фортепиано. Для этого мозгу требуется множество нервных клеток и обширная область в моторной коре. В руках, реагирующих на прикосновение, боль, температуру и вибрацию, также сосредоточено огромное количество сенсорных рецепторов. Поэтому и на сенсорном гомункулусе руки занимают непропорционально большой участок.

А вот спина устроена более грубо. Именно поэтому работает так называемый тест слепой зоны, особенно любимый

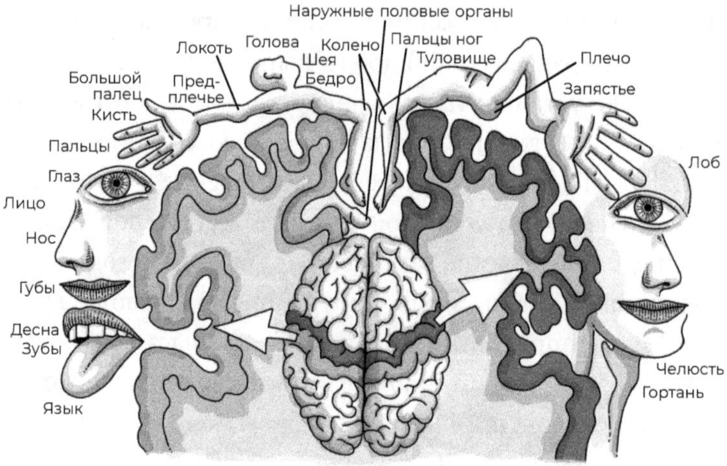

Гомункулус состоит из сенсорной коры (левая стрелка) и моторной коры (правая стрелка). Первая принимает сигналы от тела (показана слева), вторая отправляет сигналы к телу (показана справа)

детьми. Нужно одновременно и мягко приложить два или более пальцев к разным точкам на спине человека и спросить, сколько прикосновений он чувствует. Чаще всего он ответит: одно. Дело в том, что на спине сравнительно мало нервных окончаний, и потому мы довольно плохо определяем, до какого именно места дотрагиваются, куда нажимают или где покалывают. Неудивительно, что на сенсорном гомункулусе спине отведен совсем скромный участок.

Но вернемся к эксперименту. Участников укладывали спать в лаборатории или в томографе, чтобы записывать активность мозга во время сна и сновидений. Измерения в бодрствующем состоянии — когда участники действительно сжимали руки — проводились отдельно, утром после пробуждения.

У сна есть одна важная особенность: пока мы спим, наше тело парализовано. Мы не можем двигаться — и это жизненно необходимо, иначе во время ярких сновидений мы рисковали бы причинить себе вред. Но есть исключение: так называемые экстраокулярные мышцы, расположенные вокруг глазного яблока. Они управляют движениями глаз и верхнего века — и, как мы уже знаем, остаются активными во время сновидений. Именно это ученые и использовали: движения глаз стали каналом связи, позволяющим участникам эксперимента общаться с исследователями прямо из сна.

Заранее были оговорены условные сигналы. Если человек двигал глазами влево-вправо-влево-вправо, это означало: «Я сейчас в осознанном сне». С помощью тех же движений глаз участники могли сообщить, что сжимают во сне левую или правую руку. И вот что принципиально: только во сне. В реальности руки оставались неподвижными. Однако на снимках мозга ученые видели, что во время сжатия кулака во сне активируются те же зоны моторной коры, что и при реальном движении рук в состоянии бодрствования.

Итак, люди спали, видели сны, осознавали, что видят сны, сжимали во сне руки в кулаки — и одновременно поддерживали связь с учеными, подавая сигналы глазами (движения которых исследователи могли наблюдать).

Подведем итог. Порой революционные открытия выглядят обманчиво скромно. Десятилетиями ученые считали, что осознанные сновидения не могут быть предметом серьезной науки. И вот этот эксперимент доказал: люди, видящие осознанные сны, не только понимают, что спят, но и способны управлять содержанием сна прямо в процессе сновидения. По условленному сигналу они сознательно сжимали руки в кулаки — продолжая при этом спать.

Но как такое вообще возможно?

Напомню: когда мы видим сны, нейроны определенных зон мозга (зрительной коры, моторной коры, гиппокампа и миндалевидного тела) работают особенно интенсивно. А одна область, наоборот, отключается: префронтальная кора — та самая, которую мы называли «генеральным директором» мозга и которая теснее всего связана с сознанием, рациональным мышлением и принятием решений. Так вот, у людей, видящих осознанные сны, происходит, по-видимому, нечто особенное: в тот момент, когда сновидец осознает, что спит, именно эти участки префронтальной коры внезапно вновь «включаются». Ряд исследователей полагают, что именно эта вспышка активности и позволяет сознательно управлять ходом сна.

Если сновидения делают нас креативнее и помогают перерабатывать эмоции, то, конечно, очень заманчиво научиться самому выбирать, что именно видеть во сне. Существуют ли способы стать осознанным сновидцем? Существуют. Я нашел три приема, причем не в сомнительных пособиях по саморазвитию, а в работах ученых, непосредственно исследующих осознанные сновидения.

Но сначала оговорка: ни один из этих приемов не гарантирует результата. Есть научные данные, указывающие на то, что они работают, однако изучены эти методы пока не настолько хорошо, чтобы можно было рассчитывать на стопроцентный успех.

Первый метод называется Wake Back To Bed, или, в вольном переводе, «проснись и ложись обратно». Вы ложитесь спать как обычно, но ставите будильник на время через четыре с половиной — шесть часов. Проснувшись, бодрствуете от 20 минут до часа, а затем снова ложитесь. Метод основан на том, что фазы быстрого сна ближе к утру становятся значительно длиннее, чем в начале ночи. Идея в том, чтобы ненадолго прервать давление сна, притом что в целом организм остается в «спящем режиме». После повторного засыпания мозг быстро возвращается в фазу быстрого сна — ведь потребность в глубоком сне к этому моменту уже удовлетворена. В результате следующий цикл оказывается особенно насыщенным быстрым сном: он длиннее, стабильнее и больше располагает к осознанному сновидению.

Этот метод можно совместить с другим — он называется MILD (Mnemonic Induction of Lucid Dreams), что примерно означает «мнемоническое индуцирование осознанных сновидений». Суть такова: когда будильник поднимает вас через пять часов после засыпания, перед тем как уснуть снова, вы повторяете про себя одну и ту же фразу: «В следующий раз, когда я буду видеть сон, я вспомню, что сплю». Параллельно постарайтесь представить себе, как это будет выглядеть, — как вы осознаете себя внутри сна. Австралийские ученые выяснили, что этот метод способен повысить шансы на осознанное сновидение на 172%. Правда, многое зависит от того, насколько регулярно и настойчиво вы его применяете.

Третий метод — проверка реальности (Reality Check). В течение дня вы снова и снова проверяете, бодрствуете ли вы. Например, так: время от времени смотрите на ладонь, отводите взгляд, а затем смотрите снова. Наяву линии на ладони каждый раз выглядят одинаково. А вот во сне мозг не способен дважды подряд воспроизвести столь сложный рисунок. Если вы приучите себя к этой проверке днем, велика вероятность, что привычка сработает и во сне. И если, взглянув на ладонь, вы не увидите четкого узора — значит, вы спите.

Еще один прием из той же серии: время от времени осознанно пробуйте прочитать текст. Днем вы открываете книгу и сразу читаете. Но если буквы расплываются или не складываются в осмысленный текст — весьма вероятно, что вы сейчас видите сон.

В австралийском исследовании проверки реальности сами по себе оказались не слишком эффективны, но заметно усиливали действие других методов — особенно в сочетании с MILD. Лучше всего они работают как катализатор: в связке с мысленной подготовкой и стратегическим пробуждением посреди ночи (Wake Back To Bed).

Эта книга начинается с главы о сновидениях, конечно же, не случайно. Я мог бы поместить ее в самый конец. Но сны дают почувствовать, на что способен наш мозг и какие удивительные вещи происходят в голове еще до того, как день по-настоящему начался. А теперь — пора. Хватит спать! Потом посмотрите сны. Там, за окном, вас ждет целый день.

6:30

ВЫ НАЧИНАЕТЕ ДЕНЬ

Как просыпается мозг

Шесть тридцать. Шесть. Тридцать. Обычно вы не встаете так рано. Но сегодня выбора нет: впереди долгий день, и мы не можем себе позволить проспать до обеда. Ночные сновидения отступили, а мозг уже вовсю работает над тем, чтобы вас разбудить. Глубоко внутри него спрятана крошечная структура — супрахиазматическое ядро (сокращенно СХЯ). Название запоминать необязательно, а вот функцию — стоит: это встроенный тайм-менеджер организма. СХЯ расположено в гипоталамусе — примерно в центре мозга, чуть выше мозгового ствола. Гипоталамус — главный диспетчерский пункт вегетативной нервной системы. Именно он следит за тем, чтобы вам не было ни жарко, ни холодно, регулирует артериальное давление, отвечает за чувство голода и жажды, а заодно управляет 24-часовым циклом сна и бодрствования — так называемым циркадным ритмом.

Когда в окно проникает первый луч света, СХЯ включается в работу. Свет подавляет выработку мелатонина — гормона сна — и запускает системы, отвечающие за бодрствование. СХЯ активируется даже с закрытыми глазами, стоит яркому свету пробиться сквозь веки. Оно рассылает сигналы другим отделам мозга, постепенно выводя вас из сна. Чем-то это напоминает начальницу, которая приходит в офис первой, включает свет и объявляет о начале рабочего дня. Незадолго до пробуждения гипоталамус отправляет сигнал надпочечникам: пора выбрасывать кортизол. Возможно, вы знаете о кортизоле только как о гормоне стресса, но утром он играет совсем другую роль — запускает кровообращение и наполняет организм энергией. Он повышает уровень сахара в крови, ускоряет сердцебиение и обеспечивает мозг топливом. Если продолжить аналогию с начальницей, можно представить, что это как если бы она уже сварила вам эспрессо и протягивала чашку в тот момент, когда вы переступаете порог офиса. Пока кортизол делает свое дело, в игру вступает еще одно важное вещество — орексин. Этот нейромедиатор вырабатывается прямо в гипоталамусе и среди прочего отвечает за то, чтобы мозг оставался в состоянии бодрствования. Орексин «будит» другие активирующие вещества — ацетилхолин и норадреналин, которые усиливают электрическую активность мозга и обостряют внимание. Если представить мозг как фабрику, орексин — это начальник смены, который посылает бригаду электриков (ацетилхолин) и службу безопасности (норадреналин) запускать производство на полную мощность.

Пока все эти механизмы выводят вас из сна, система засыпания, наоборот, сворачивает работу. Главным образом за счет того, что в мозге падает уровень аденозина. Аденозин — это нейромодулятор, химический посредник, который действует на мозг не как выключатель, а скорее как диммер: он регулирует, насколько чутко нервные клетки реагируют на сигналы. В течение дня аденозин постепенно накапливается, вызывая сонливость. А его снижение утром — это сигнал мозгу: пора просыпаться. Если продолжить нашу офисную аналогию, можно сказать, что аденозин — что-то вроде коллеги из ночной смены, которую вы еще успеваете застать утром в коридоре. Она уже уходит (хотя и не покидает здание совсем — до конца аденозин не исчезает), а на ее место заступает дневная бригада.

Почему окружающий мир для вашего мозга похож на пазл

Когда первые солнечные лучи касаются ваших глаз, вместе с ними приходят фотоны — крошечные порции энергии, различающиеся длиной волны. Именно длина волны определяет цвет: короткие волны — это синий свет, длинные — красный. Сначала свет проходит через роговицу и хрусталик глаза, преломляется, фокусируется и попадает на сетчатку — светочувствительный слой клеток в глубине глазного яблока. Сетчатка работает как пленка в старом фотоаппарате: она улавливает свет. И вот что любопытно: изображение, которое на ней возникает, поначалу перевернуто вверх ногами. Мозг развернет его в правильное положение чуть позже.

В сетчатке есть два основных типа светочувствительных клеток, или фоторецепторов. Первый — палочки. Они реагируют на интенсивность света и помогают различать формы и движения в темноте. Но цвета они не воспринимают. К счастью, существует второй тип — колбочки. Они отвечают за цветовое зрение и лучше всего работают при дневном свете. Когда световые волны попадают на фоторецепторы, запускается химическая реакция. Сначала активируется светочувствительный белок: в палочках это родопсин, а в колбочках — один из трех фотопсинов, каждый из которых настроен на свой диапазон волн: короткие, средние или длинные. Так начинается цепочка химических реакций, превращающих свет в электрические сигналы.

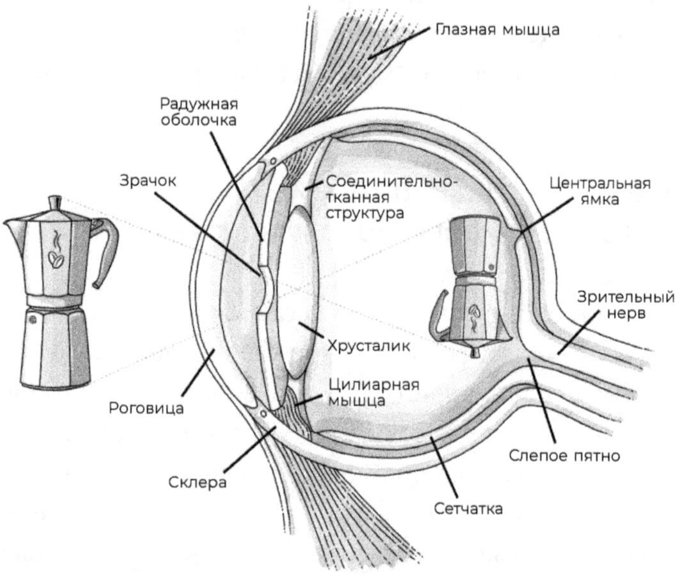

На сетчатке окружающий мир поначалу перевернут вверх ногами. И к тому же отражен зеркально! Дело в том, что хрусталик, преломляя световые лучи, проецирует изображение на сетчатку в перевернутом и зеркальном виде — по тому же принципу, что и камера-обскура

Фоторецепторы можно представить себе как биологические солнечные батареи: они превращают свет в электрохимические сигналы. Эти сигналы передаются дальше по цепочке — сначала биполярным клеткам, затем ганглиозным. Ганглиозные клетки собирают информацию воедино и подготавливают ее для отправки в мозг, предварительно «рассортировав» по категориям: контрасты, цвета, движения. В зависимости от того, какие ганглиозные клетки сработали, мозг уже может определить, какого цвета шторы, на которые утром упал ваш первый взгляд.

От глаза электрический сигнал попадает в таламус — область, расположенную примерно в центре мозга, над мозговым стволом. Таламус — что-то вроде почтовой сортировочной станции: он решает, какую информацию передать дальше на обработку. Один из его отделов — латеральное коленчатое тело — работает как ретранслятор, направляя зрительные сигналы прямиком в первичную зрительную кору. Хотите узнать, где она находится? Поднимите руку и хлопните себя по затылку. Примерно там, под черепной коробкой, она и расположена. Здесь сигнал разбирается на составляющие: зрительная кора распознает линии, углы и контуры, анализирует скорость и направление движущихся объектов. Затем эти разрозненные фрагменты обрабатываются в соседних зонах и собираются в единое связное изображение. Мозг в этот момент ловко собирает пазл: он складывает разрозненные кусочки, чтобы вы могли увидеть цельную картину. И все это на головокружительной скорости — вы даже не успеваете заметить, что мозгу приходится буквально конструировать реальность у вас перед глазами.

Почему не стоит слепо доверять своему восприятию

Вы уже убедились, что во сне мозг способен устроить настоящий спектакль: мы видим то, чего нет, летаем, путаем времена и места. Полный хаос. Зато наяву на мозг можно положиться — сон и реальность все-таки разные вещи. То, что мы видим, слышим, ощущаем, — реально и достоверно. Или нет?

Я мог бы сделать вид, что никаких сомнений быть не может. Что световые волны преобразуются в электрохимические сигналы, сигналы передаются по цепочке, объекты и люди распознаются — и вот мы уже воспринимаем мир таким, какой он есть. Ура! Мы видим то, что есть. Мы называем вещи своими именами. Но это не так. Из сигналов, поступающих в мозг, не рождается объективная истина. Мозг интерпретирует эти сигналы. И тут многое может пойти не так.

Взгляните на рисунок. Он основан на знаменитой иллюзии с тенью на шахматной доске американского ученого Эдварда Адельсона. Обратите внимание на клетки A и B:

Клетка А явно темнее клетки В, правда? На самом деле они абсолютно одинакового цвета. Если вы сейчас снова посмотрите на картинку, вы наверняка подумаете: не может быть! Клетка А гораздо темнее! Но стоит рассмотреть обе клетки изолированно от окружения — и разница исчезает. Чтобы это показать, я наложил на картинку небольшую рамку.

Цвета на второй картинке я не менял. И вот что поразительно: даже после того как иллюзия раскрыта, она продолжает работать. Стоит снова взглянуть на первое изображение — и клетки опять выглядят разными. Хотя на самом деле они одного тона. Хочется схватиться за голову. Будь у мозга болевые рецепторы, ему бы сейчас было очень больно.

Подобные оптические искажения связаны еще и с памятью. Мы знаем из опыта, что предметы отбрасывают тени. Поэтому серый цвет клетки B на скатерти кажется нам светлее, чем серый цвет клетки A, — ведь она находится в тени вазы, и мозг автоматически делает поправку на освещение. Сигналы, которые поступают в мозг, на самом деле одинаковые. Но мозг интерпретирует их по-разному — в зависимости от контекста. Иллюзии вроде этой показывают нечто принципиально важное: наше восприятие мира определяется не столько самим миром, сколько тем, что происходит у нас в голове.

Из-за этого, кстати говоря, случаются нешуточные споры. Вы, должно быть, помните знаменитое платье (#TheDress), которое в феврале 2015 года за считаные часы стало глобальной оптической иллюзией и раскололо интернет надвое: платье сине-черное или бело-золотое? Феномен объясняется иллюзией цветовосприятия, вызванной неоднозначным освещением на фотографии. Мозг каждого зрителя должен был решить: платье висит в тени или на свету? Те, чей мозг «выбирал» тень, компенсировали синеватый оттенок — и видели платье бело-золотым. Те, чей мозг решал, что свет прямой, компенсировали теплый оттенок — и видели сине-черное. Причем каждый был абсолютно уверен в своей правоте — ведь он же *видел* это собственными глазами! Обе стороны искренне не понимали друг друга.

Меня это, с одной стороны, пугает: ведь мы каждый день полагаемся на то, что наше зрение и слух нас не обманывают. Но, с другой стороны, осознание, что мы воспринимаем мир через призму интерпретации, способно остудить самые горячие споры. Если мы умудряемся по-разному воспринимать даже одни и те же длины волн (то есть цвета), то что говорить о дискуссиях с друзьями о миграционной политике, о нюансах мимики и жестов в живом общении или о выводах, которые можно сделать из одних и тех же исследований и статистики? Вот именно. По большому счету, во многих общественных спорах происходит то же самое, что с платьем: мы смотрим на один и тот же мир, на одни и те же данные, на одни и те же длины волн — и интерпретируем их совершенно по-разному.

Но контекст важен не только для зрения. По сути, мы интерпретируем любую информацию, поступающую в мозг, в зависимости от обстоятельств. И последствия могут быть весьма серьезными. Прочитайте следующий абзац. В нем скрывается один из самых наглядных уроков о силе контекста — на этот раз на примере языка:

> Чудовище преступности все сильнее терзает город Эддисон. Уровень криминала в некогда спокойном городе неуклонно растет на протяжении последних лет. Сегодня преступность проникла во все жилые кварталы. В 2004 году было зарегистрировано 46 177 правонарушений, к 2007 году это число выросло до 55 000. Особую тревогу вызывает рост насильственных преступлений: в 2004 году в городе произошло 330 убийств, а в 2007-м — уже более 500.

Бедный, бедный город Эддисон. А теперь два вопроса к вам: что, по-вашему, должен предпринять город, чтобы снизить преступность? И какая часть приведенного выше текста больше всего повлияла на ваш ответ? Именно эти вопросы задали 485 американским студентам в рамках эксперимента. Правда, половина из них читали другой текст. Не кардинально другой — в нем было заменено всего одно слово. Вместо «чудовища преступности» в тексте второй группы фигурировал «вирус преступности». Однако ответы на оба вопроса разительно отличались — и зависели именно от того, какая метафора была использована. Группа «вируса» делала ставку на профилактику и социальные реформы. Группа «чудовища» — на ужесточение наказаний, усиление аппарата полиции и строительство новых тюрем. И это еще не всё. Когда исследователи спросили участников, чем они руководствовались, почти все ответили: разумеется, статистикой! Вот только статистика в обоих текстах была абсолютно одинаковой. На метафору как фактор, повлиявший на решение, указали лишь 3% участников.

Что же произошло? Этот эксперимент провели два психолога из Стэнфордского университета* — Пол Тибодо и Лера Бородицкая. Оба уже много лет изучают, как язык влияет на мышление и принятие решений, и в первую очередь — какую роль в этом играют метафоры. Я писал на эту тему бакалаврскую работу и в рамках исследования анализировал языковые образы, которые использует партия «Альтернатива для Германии» (АдГ). Вы наверняка их слышали: «волны беженцев», «нахлебники», «паразиты». Когда людей, бегущих от войны и нищеты, называют паразитами, мозг автоматически переносит на них свойства, которые мы приписываем паразитам. Паразит истощает хозяина, живет за его счет, подчиняет его себе. Именно этого АдГ и добивалась с самого начала — чтобы мы поверили, будто

---

* Минюст признал Стэнфордский университет нежелательной организацией на территории России.

все это относится к беженцам. Работать с этим материалом было тяжело, потому что исследование наглядно показало: АдГ целенаправленно использует язык как оружие против целых групп людей, а остальные партии лишь беспомощно наблюдают со стороны, время от времени выражая возмущение. Именно тогда я по-настоящему понял, как велика власть слова.

Тибодо и Бородицкая объясняют результаты так: чудовище — это хищный зверь, которого мы боимся. Оно нападает, оно опасно, его необходимо остановить, иначе нам грозит гибель. С чудовищем не церемонятся. Против него помогает только грубая сила. Когда преступность описывается как чудовище, в мозге активируются все ассоциации, связанные с хищником. И раз они активированы, мы автоматически переносим их на проблему преступности в Эддисоне. Требуем жестких мер, усиления полиции, новых тюрем. Чудовищу надо дать отпор!

Вирус активирует совсем другие ассоциации. (Важное уточнение: исследование проводилось до пандемии ковида.) Вирус — это проблема здравоохранения. Вирус не бросается на вас с оскаленной пастью и не пытается разорвать на части. Поэтому и те, кто сражается с «вирусом преступности», мыслят иначе: профилактика и социальная работа представляются им наиболее действенными мерами.

Так что наше восприятие искажено не только в случае оптических иллюзий — оно искажено *всегда*. То, как мы что-либо интерпретируем, в решающей степени зависит от контекста. Причем не только от внешнего — от обстоятельств вокруг нас, — но и от внутреннего: накопленного опыта и воспоминаний, страхов, желаний, даже снов. Повторю, потому что это важно: наше восприятие мира определяется не столько самим миром, сколько тем, что происходит у нас в голове. Если вы это усвоили — вы во всеоружии и готовы наконец выбраться из постели навстречу новому дню. Чем мы сейчас и займемся.

Вызывает ли кофе зависимость

Первые солнечные лучи помогли вам выбраться из постели. Вы потягиваетесь, стряхиваете с себя остатки сна. Натягиваете спортивные штаны, толстовку и, шаркая, выходите из спальни. Куда первым делом несет вас сонное тело по утрам? Скорее всего, в туалет. И если вы такой же, как миллионы людей в Германии и миллиарды по всему миру, — сразу после этого ваш путь лежит на кухню: к кофемашине, френч-прессу или гейзерной кофеварке. Каждый год в мире потребляется более ста тысяч тонн кофеина. По подсчетам научной платформы TED, по весу это примерно 14 Эйфелевых башен. Впрочем, кому какое дело до этого? Большую часть кофеина мы получаем из кофе и чая, но он прячется и в газировке, шоколаде и лекарствах вроде парацетамола или средств от простуды. Кофеин делает нас бодрее, живее и собраннее — что особенно кстати, когда приходится вставать в полседьмого утра. Правда, утренний (а нередко и послеобеденный) кофе может повышать давление, вызывать беспокойство и суетливость. Ощущение не из приятных.

Иногда я ловлю себя на мысли, что надо бы завязать с кофе совсем. Но дальше мыслей дело не заходит — максимум я не пью его пару дней во время простуды. А стоит вернуться обонянию и вкусу, как утром снова тянет к горячей чашке кофе. Что неудивительно: кофе — самый популярный наркотик на планете. Да, именно наркотик — ведь кофеин воздействует на центральную нервную систему. Почти три четверти жителей Германии пьют кофе регулярно, половина из них — ежедневно. Прибавьте к этому любителей черного и зеленого чая и тех, кому искренне нравится вкус энергетиков. Наше общество насквозь пропитано кофеином.

Стоит бросить употреблять кофе — и вы это сразу почувствуете. Это известно в том числе благодаря работам американского психофармаколога Роланда Гриффитса, преподававшего нейронауку, психиатрию и поведенческие науки в Школе медицины Университета Джонса Хопкинса. В одной из самых известных его обзорных работ, написанной совместно с неврологом Лорой Джулиано из Американского университета в Вашингтоне, были проанализированы 57 исследований, посвященных потреблению кофе и отказу от него. Обзорная работа — это когда ученые не ставят собственный эксперимент, а отбирают и анализируют лучшие из уже проведенных исследований по конкретному вопросу, чтобы сделать более общие выводы. Если при этом результаты разных исследований еще и статистически объединяются и пересчитываются заново, такую работу называют метаанализом. Вы еще не раз встретитесь с ним в этой книге.

Среди прочего Гриффитс и Джулиано выяснили, что симптомы отмены могут возникать даже у тех, кто потребляет совсем немного кофеина. По их данным, достаточно выпивать полчашки кофе в день — и при полном отказе вы рискуете испытать головную боль, усталость и трудности с концентрацией. Еще один возможный симптом — дисфория, или, проще говоря, отвратительное настроение. Во многом благодаря работам Гриффитса диагноз «кофеиновая абстиненция» был включен в DSM — официальный диагностический справочник психических расстройств, принятый в США.

Так вызывает ли кофе зависимость? Смотря как ее определять. Весомый аргумент против: кофеин не активирует систему вознаграждения в мозге — ту самую, которая при употреблении по-настоящему аддиктивных веществ заставляет нас возвращаться к ним снова и снова. Как, например, алкоголь — но об этом мы поговорим позже, когда дело дойдет до вечернего пива. А пока, прежде чем вы в панике выплюнете кофе, — хорошая новость: совершенно незачем корить себя за ежедневную привычку. Нет никаких научных данных о том, что кофе или кофеин в обычных дозах вредят здоровью. Моя коллега Тереза Бойерляйн из онлайн-журнала *Krautreporter* однажды попробовала полностью отказаться от кофе. Вот что она пишет: «Кофеин не вызывает зависимости в том же смысле, что алкоголь или никотин, и даже близко не обладает их разрушительной силой. Здоровому человеку пришлось бы выпить несколько сотен чашек эспрессо, чтобы кофеин стал опасен. Никто в здравом уме этого не делает». И это правда.

Как кофе помогает взбодриться

Мы уже говорили о том, что ощущение бодрости или усталости во многом определяется химическим веществом под названием аденозин. Когда организму нужна энергия — а она нужна ему постоянно, — он обращается к молекуле, которую можно назвать универсальной валютой жизни: АТФ, аденозинтрифосфат. Каждый раз, когда вы двигаетесь, думаете или просто дышите, в клетках расщепляется АТФ. Один из побочных продуктов этого процесса — аденозин.

В течение дня аденозин накапливается в мозге, в первую очередь в так называемом базальном переднем мозге — области, тесно связанной с регуляцией сна. Чем дольше вы бодрствуете, тем больше его скапливается. Эта молекула действует как биохимическая педаль тормоза: она прикрепляется к специфическим рецепторам нервных клеток и замедляет их работу. Результат? Вы постепенно становитесь вялым, рассеянным — словом, вас клонит ко сну.

Аденозин разрушается только во время сна, главным образом в фазах глубокого сна, и тогда нейронные системы снова разгружаются. А стоит проснуться, как круговорот запускается заново: АТФ расщепляется, аденозин накапливается, желание спать растет.

И тут на сцену выходит кофе. Фокус в том, что молекула кофеина структурно очень похожа на аденозин. Вы делаете глоток, кофеин попадает в кровь и добирается до мозга. А поскольку он так похож на аденозин, то занимает его место на рецепторах — как незваный гость, усевшийся в чужое кресло. Аденозин приходит, а сесть некуда. Он больше не может прикрепиться к рецепторам, и его тормозящее, усыпляющее действие ослабевает. При этом важно понимать: кофеин не запускает ту же биохимическую цепочку, которую запустил бы аденозин. Вы не становитесь бодрее в прямом смысле — просто перестаете уставать. Кофеин создает ощущение бодрости, блокируя главный тормоз в мозге.

Если, конечно, вы резко не бросите пить кофе. Вот тогда, как показал Гриффитс, и начинается абстиненция. Дело в том, что при ежедневном употреблении кофе аденозиновые рецепторы постоянно заблокированы кофеином, и мозг адаптируется — наращивает новые. Благодаря этому аденозин продолжает делать свое дело и накапливать сонливость, даже несмотря на кофеин. А это значит, что, чтобы добиться прежнего эффекта, кофеина со временем требуется все больше. Одной маленькой чашки по утрам уже не хватает — и вот вы не успели оглянуться, а до обеда выпили уже четыре большие кружки. (Привет моему отцу — именно так он, будучи директором школы, насыщал кофеином свои рабочие будни).

Но кофеин влияет не только на уровень аденозина. Он стимулирует и выработку адреналина — вы наверняка о нем слышали. Это «гормон борьбы или бегства», от которого все тело покалывает за секунду до того, как вагонетка американских горок срывается вниз. Адреналин ускоряет сердцебиение, повышает давление, расширяет дыхательные пути. Но и это еще не все. В некоторых нервных клетках аденозиновые рецепторы сцеплены с рецепторами другого знакомого вам вещества — дофамина. Долгое время его называли «гормоном счастья». Сейчас мы знаем, что функция дофамина скорее в другом: он сигнализирует нам, что чего-то хорошего стоит получить еще больше. Например, порцию мороженого. Или еще один поцелуй от того самого человека (о том и о другом — позже). Так вот, когда аденозин присоединяется к одному из этих парных рецепторов, он мешает дофамину занять соседнее место. Представьте двойное сиденье в автобусе: рядом сел пассажир, который развалился так широко, расставив ноги, что вам остается только стоять. Аденозин не дает дофамину поднять вам настроение. Но когда на место аденозина садится кофеин, ситуация меняется. Кофеин — пассажир воспитанный: он вежливо устраивается на своей половине, и дофамин с удовольствием располагается рядом. Настроение тут же улучшается. В мозге — как в автобусе.

Смертельная доза кофеина действительно существует. Но четырем кружкам моего отца до нее далеко. Летальный порог — около 150 мг кофеина на килограмм массы тела. Если вы весите, скажем, 70 кг, для передозировки вам понадобилось бы 14 000 мг кофеина. Сколько это в чашках? В одной чашке крепкого кофе — примерно 150 мг. Значит, опасная граница — чашка на килограмм веса. В нашем примере — 70 чашек. С одной существенной оговоркой: выпить их нужно было бы залпом, что, мягко говоря, маловероятно. Желудок просто не способен вместить столько жидкости разом — скорее всего, вас стошнит задолго до финиша. Впрочем, кофеин можно принимать и в таблетках. И вот тогда передозировка может наступить значительно быстрее.

Кстати говоря, период полувыведения кофеина — около шести часов. Если вы выпили чашку кофе с 150 мг кофеина, через шесть часов в организме останется лишь 75 мг — эффект уменьшится вдвое. Еще через шесть часов — 37,5 мг. Вы, конечно, это чувствуете, тянетесь за следующей чашкой — и снова получаете удовольствие. Но это означает и другое: аденозин сможет включиться на полную мощность и снова сделать вас сонным только позже. Чем позднее в течение дня вы пьете кофе или энергетик, тем позднее наступит усталость. Вы это, конечно, знали и раньше — а теперь знаете, почему так происходит.

8:00

ВАШ МОЗГ ХОЧЕТ ЗАВТРАКАТЬ — НО ЧЕМ?

Откуда мозг знает, что вы голодны

Первая чашка кофе подействовала, день пока идет хорошо. Но тут заурчало в животе. Прежде чем отправиться на работу, надо бы позавтракать. Только чем? Я сам перепробовал, кажется, все возможные варианты утренней еды. В детстве день начинался с тоста — чаще всего с нутеллой или сыром. Позже я перешел на черный хлеб и отказался от нутеллы. Потом где-то прочитал, что есть столько хлеба вредно. Мол, от него вырастет «пшеничное брюхо» — о Боже, пшеничное брюхо мне было совершенно ни к чему. Глютен, содержащийся в пшенице и родственных злаках, тоже якобы следовало употреблять лишь в умеренных количествах.

Когда я учился, в моду вошел овес. По утрам я варил овсянку на растительном молоке, добавлял нарезанное яблоко, корицу и горсть орехов. Этому завтраку я оставался верен несколько лет — пока не прочитал книгу «Богиня глюкозы. Нормализуйте уровень сахара в крови, чтобы изменить свою жизнь» французского биохимика Джесси Инчаспе. Возможно, вы встречали ее в соцсетях — у ее аккаунта glucosegoddess более пяти миллионов подписчиков. Инчаспе утверждает: наши пищевые привычки приводят к тому, что уровень сахара в крови постоянно скачет вверх. Это вредно, это бьет по настроению, способствует набору веса и, главное, разгоняет аппетит — в результате мы то и дело едим больше, чем нужно. И вот плохая новость для меня: мало чем можно так резко взвинтить утренний сахар, как тарелкой овсянки на овсяном молоке. Да, овсяная каша — вкусная, теплая, полезная. Но при этом — мощнейший поставщик углеводов. Стоило мне ее съесть, как запускался следующий процесс: крахмал в овсе расщеплялся ферментами до глюкозы, глюкоза поступала в кровь, уровень сахара стремительно рос. Овсяное молоко лишь усугубляло ситуацию — оно тоже содержит углеводы (как правило, в виде добавленного сахара или натурального крахмала). Даже несладкое овсяное молоко несет в себе дополнительную порцию сахара, и он суммируется с сахаром из каши. Результат: стремительный подъем — и столь же резкое падение. Через час я чувствовал себя вялым, голодным и неспособным сосредоточиться.

Вот так. С тех пор мой завтрак — болгарский перец, огурец и морковь с хумусом. Звучит уныло, но, как ни странно, мне это нравится, и чувствую я себя даже лучше. Желудок не распирает, энергии больше, а к обеду меня уже не накрывает волчий голод, который раньше гнал к ближайшему киоску с шаурмой. Эта книга не руководство по питанию (да и я не диетолог). Но, как видите, я то и дело возвращаюсь к вопросу, что и сколько я ем. Вот уже около шести лет я вешу чуть больше, чем мне хотелось бы. И это раздражает.

Никто не хочет переедать. И уж тем более — переедать годами, а потом обнаружить у себя повышенный риск диабета или сердечно-сосудистых заболеваний. По данным Института Роберта Коха, в Германии избыточным весом страдают (по собственной оценке) 47% женщин и 61% мужчин. У 19% взрослых диагностировано ожирение — хроническое заболевание, при котором количество жировой ткани в организме существенно превышает норму. С 1980 года число людей с избыточным весом, по имеющимся оценкам, более чем удвоилось в 73 странах мира. Особенно стремительно вес растет в странах Запада. В диетологии это явление уже называют эпидемией. Важная оговорка: сегодня границу между «парой лишних килограммов» и ожирением проводят с помощью индекса массы тела (ИМТ) — показателя, который соотносит вес с ростом. Однако ИМТ регулярно подвергается критике: он ничего не говорит о состоянии здоровья человека. Поэтому врачи предлагают учитывать и другие параметры — например, обхват талии или прямые измерения жировой ткани. Но поскольку все эти расчеты неоднозначны (и, к слову, зависят от культурного контекста), мне как автору книги о мозге гораздо интереснее другой ракурс. Не то, находится ли человек выше или ниже некой условной черты ИМТ, а то, весит ли он больше или меньше, чем сам хотел бы.

Ладно, подумаете вы, но какое отношение все это имеет к мозгу? Куда более прямое, чем мне самому долго казалось. В отпуске в Дании я, ни о чем не подозревая, взялся за книгу «Голодный мозг. Как перехитрить инстинкты, которые заставляют нас переедать» американского нейробиолога Стефана Гийанэя — и она перевернула мою картину мира. Гийанэй утверждает: наш аппетит и наши пищевые решения направляются древними инстинктивными нейронными цепями, которые по-прежнему играют в игру на выживание — только вот самой этой игры давно не существует. Выходит, истоки эпидемии ожирения следует искать в мозге? Я стал разбираться в том, какую роль мозг на самом деле играет в наших пищевых привычках — здоровых и нездоровых. Почему нас так тянет к сахару и жиру? Почему иногда отчаянно хочется бургера или пиццы, а вот брокколи или нут такого энтузиазма не вызывают почти никогда?

Древним нейронным цепочкам в вашем мозге совершенно безразлично, как вы будете выглядеть в купальнике следующим летом, пишет Гийанэй. Их единственная задача — обеспечить выживание. Проблема (если смотреть исключительно с позиции этих инстинктов) в том, что выживание человека сегодня не требует таких героических усилий. Зато есть и хорошая новость: если вы знаете, как работают эти инстинкты, вы можете отследить их действие на себе. А значит — при желании — осознанно скорректировать свое пищевое поведение. Давайте рассмотрим подробнее, какую роль мозг играет в том, что и как мы едим.

Начнем вот с чего: откуда мозг знает, что вы голодны? Вопрос можно поставить и наоборот: откуда мозг знает, что вы сыты? Ответ поначалу прост, но потом все становится сложнее.

Когда мы едим, желудок растягивается. Вокруг него расположены нервные клетки, которые тут же это улавливают. Остается сообщить мозгу — и они делают это через блуждающий нерв, один из самых длинных нервов в человеческом теле. Он тянется от мозгового ствола через шею и грудную клетку глубоко в брюшную полость, обеспечивая прямую линию связи между мозгом и внутренними органами — сердцем, печенью, легкими. По этому нерву сигналы из желудка достигают мозгового ствола. Напомню: это та часть мозга, которая следит за жизненно важными функциями вроде дыхания и сердцебиения — даже когда вы об этом не думаете. Мозговой ствол, получив сигнал, передает остальным отделам мозга: хватит, достаточно! И чувство голода отступает.

Но это лишь половина истории. Когда мы пьем воду, желудок тоже растягивается, — однако надолго утолить голод водой, разумеется, невозможно. Дело не только в том, сколько содержимого в желудке, но и в том, что именно там находится. И вот тут все становится сложнее. Переваривая пищу, желудок порциями отправляет ее в тонкий кишечник. Там специализированные клетки слизистой оболочки распознают питательный состав — долю углеводов, жиров и белков. Эти данные тоже передаются в мозговой ствол и несут информацию не только о количестве съеденного, но и о его качестве. Правда, на это уходит несколько минут. Поэтому, если вы едите слишком быстро, вы вполне можете успеть проглотить гораздо больше, чем нужно, прежде чем мозг получит сигнал «стоп».

Организм подает сигнал сытости лишь тогда, когда вы уже давно переели. Если же есть медленнее, первые гормоны насыщения успевают включиться прямо во время еды и мягко притормозить аппетит — прежде чем вы перейдете черту.

Десятилетиями гипоталамус считался главным центром управления голодом и сытостью — и не без оснований. Но сегодня мы знаем: он играет ключевую роль, однако действует не в одиночку. Все больше внимания исследователи уделяют еще одной структуре в мозговом стволе —

ядру одиночного пути (*Nucleus tractus solitarii*, или NTS). Оно напрямую связано с уже знакомым нам блуждающим нервом — тем самым, что тянется вдоль множества органов и среди прочего передает мозгу информацию из пищеварительного тракта: насколько растянут желудок, какие питательные вещества поступают. NTS пересылает эти данные «наверх» — в вышестоящие отделы мозга, включая гипоталамус. И только слаженная работа всех этих структур порождает чувство сытости — причем полностью неосознанно. До вас доходит лишь итоговое сообщение: «Я сыт» (или: «Я еще голоден»). А если сигналы о питательных веществах запаздывают или оказываются слишком слабыми, команда одна: еще!

Харви Грилл, нейробиолог из Пенсильванского университета, уже более 40 лет изучает мозговой ствол. Еще в 1978 году ему удалось провести поразительный эксперимент: он временно «отключил» крысам почти весь мозг. Все области — кроме мозгового ствола. Тот продолжал работать. Это позволило Гриллу выяснить, на что мозговой ствол способен в одиночку. Результат оказался неожиданным: в том, что касается еды, крысы вели себя совершенно нормально. Грилл и его коллега Ральф Норгрен обнаружили, что даже без высших мозговых структур животные по-прежнему ели то, что им нравилось, и отвергали то, что не нравилось. Ученые проверили и реакцию на сигналы сытости, предлагая крысам еду повторно. И вот что выяснилось: крысы переставали есть, когда наедались. А если незадолго до этого уже перекусили — ели меньше.

Сила ощущения голода и скорость насыщения напрямую влияют на то, сколько вы съедите, а значит — как на общее потребление калорий, так и на то, будете ли вы со временем набирать вес. Все это отчасти зависит от того, как взаимодействуют мозговой ствол и гипоталамус, формируя чувство сытости и заставляя вас потерять интерес к еде. И тут, пожалуй, стоит задать резонный вопрос: если система так хорошо работает, почему людей с избыточным весом становится все больше? Справедливое замечание.

Дело в том, что в вопросах еды мозг далеко не беспристрастен. Он не просто наблюдает за тем, что вы едите, — он дирижирует вашим меню. А иногда и откровенно его саботирует. И процесс начинается в гипоталамусе. Как мы уже знаем, это своего рода центр управления внутренним равновесием: сон, голод, жажда, температура тела, гормоны, энергообмен — все проходит через него. Немало работы для такого крошечного участка мозга. Но он справляется.

Внутри гипоталамуса есть специализированные группы клеток, которые реагируют на гормоны, поступающие из тела. Среди них — лептин и инсулин. Лептин вырабатывается жировой тканью, инсулин — поджелудочной железой, и оба сообщают мозгу одно и то же: энергии в организме достаточно! В особом отделе гипоталамуса — дугообразном ядре (*nucleus arcuatus*) — эта информация поступает к нервным клеткам, которые посылают прямо противоположные сигналы: одни подавляют аппетит, другие его разжигают.

Когда вы садитесь на диету — то есть резко сокращаете привычное потребление калорий, — эти клетки приходят в замешательство. С каждым потерянным килограммом уровень лептина падает, и гипоталамус бьет тревогу: «Мы теряем резервы!» Энергетический менеджер в вашей голове воспринимает это не как сигнал «отлично, цель диеты достигнута», а как угрозу. Потому что дефицит энергии — последнее, с чем гипоталамус готов смириться.

Дальше запускается двойная перестройка: во-первых, нейроны дугообразного ядра, стимулирующие аппетит, становятся активнее; во-вторых, организм начинает хуже реагировать на сигналы сытости. Результат: голод приходит быстрее, а насыщение — позже, даже если вы уже съели вполне достаточно.

Но гипоталамус не просто пассивный приемник гормональных сигналов. Это еще и вычислительный центр, который постоянно сводит баланс: сколько калорий поступает, сколько энергии в запасах, сколько расходуется. И если диета привела к заметной потере жировой массы, гипоталамус стремится компенсировать «убытки». Любой ценой — хоть непрекращающимся голодом, хоть незаметным снижением энергопотребления. Именно тогда и наступает то, чего боятся все худеющие: эффект йо-йо. Сразу после окончания диеты вы набираете как минимум столько же, сколько с таким трудом сбросили.

Исследования показывают, что у людей с ожирением нейронные цепи гипоталамуса, регулирующие аппетит, работают иначе. Лептина в организме более чем достаточно, но он перестает действовать как положено — это явление называют лептинорезистентностью. Жировые хранилища полны, но сигнал «энергии хватает» до мозга не доходит. Человек продолжает испытывать голод и тянуться к еде. Этим, возможно, объясняется, почему люди с ожирением после еды нередко ощущают неполное насыщение: их гипоталамус перестал адекватно реагировать на гормональные сигналы.

Но что именно идет не так? Почему мы так часто тянемся к бургеру или пицце, прекрасно зная, что это нездоровая еда? Ответ связан еще и с тем, как мы в принципе принимаем решения, — причем далеко не только о еде.

Как мозг решает, что вам делать

Задумайтесь на секунду: сколько решений вы приняли только за последние два часа? Допустим, вы решили заварить чай. Но почему именно в этот момент? Почему не минутой раньше, не минутой позже? Почему этот сорт, а не другой? Почему чай оказался в синей чашке, а не в красной? Почему вы сели в кресло, а не на диван? Почему взялись за эту книгу, а не за очередной триллер, в котором в финале все переворачивается с ног на голову? Тоже ведь было бы увлекательно.

Каждый день, каждый час, каждую минуту — а порой и каждую секунду — мозг оказывается перед выбором. На него обрушивается поток конкурирующих сигналов из разных областей: голод, усталость, любопытство, страх, желание, скука. И во всем этом хаосе нужно — желательно быстро и безошибочно — выбрать следующий шаг.

Эта ситуация называется проблемой выбора действия и известна ученым уже не одно десятилетие. В ее основе — до смешного простая истина: невозможно делать все одновременно. Хотя в наше время мы часто делаем вид, будто это не так. Мозг должен решить, за каким импульсом последовать, а какой — отсечь.

И вот что выяснилось за последние годы: невозможно говорить о принятии решений, не упомянув о базальных ганглиях — группе структур, залегающих в глубине мозга и работающих как внутренняя служба безопасности. Их задача — отобрать самый разумный из бесчисленных вариантов действий, которые мозг непрерывно генерирует, и заблокировать остальные. Раньше считалось, что базальные ганглии отвечают главным образом за движения. Сегодня мы знаем: они участвуют и в принятии решений, и в планировании. Исследователи обнаружили, что отдельные части базальных ганглиев способны работать и как газ, и как тормоз — в зависимости от того, что в данный момент важнее: скорость решения или его надежность. Когда ситуация неопределенна, мозг предпочитает не торопиться — чтобы не наделать ошибок.

Базальные ганглии для такого отбора подходят идеально. Можно сказать, что мозг принимает решения примерно так — разные области наперебой нашептывают базальным ганглиям свои предложения: «Пора поесть!», «Сиди где сидишь!», «Тебе бы размяться!» А базальные ганглии по умолчанию отвечают на все одинаково: «Нет! Даже не обсуждается!» Они работают по принципу растормаживания: в состоянии покоя тормозят все потенциальные программы действий, которые тело могло бы запустить. И лишь когда какой-то сигнал оказывается довольно мощным, тормоз снимается — и соответствующее действие получает зеленый свет. Ведь, как мы уже говорили, делать все одновременно невозможно. Ключевую роль здесь играет структура внутри базальных ганглиев под названием стриатум (полосатое тело) — своего рода центральная проходная. Именно сюда стекаются предложения из самых разных отделов мозга, и именно здесь выбирается тот вариант поведения, который в данный момент сулит наибольшую выгоду.

Причем эта выгода не обязательно осознается. Нейробиолог Рафал Богач из Оксфордского университета показал, что базальные ганглии работают по принципу внутреннего вероятностного расчета. Когда вы, скажем, колеблетесь между «съесть чипсы» и «выпить воды», они взвешивают, сколько пользы и удовольствия стоит за каждым из вариантов, — примерно так же, как это делает статистический тест. Стриатум выносит вердикт на основе бессознательного опыта: что срабатывало раньше? Что себя оправдывало? Чем чаще определенное поведение приводило к хорошему результату, тем мощнее становится его сигнал. Так рождаются привычки. Эта логика оптимизации объясняет, почему некоторые импульсы пробиваются снова и снова, — несмотря на стресс, усталость и отвлекающие факторы.

Чем чаще вы принимаете решение в пользу определенных действий, тем выше шанс, что они будут повторяться. Базальные ганглии сохраняют образы действия. И это касается не только движений, но и так называемых мотивационных программ. Поэтому в психологии говорят о поведенческих паттернах — они напоминают проторенные тропинки, с которых трудно свернуть.

В зависимости от ситуации мозг, судя по всему, задействует разные участки стриатума. Когда вы осознанно обдумываете что-то новое — например, выбираете незнакомый маршрут до дома, — включается его дорсомедиальный отдел. Именно он при осознанных решениях работает в связке с префронтальной корой. Но когда вы по привычке сворачиваете у той же пиццерии, что и всегда, управление берет на себя дорсолатеральный отдел — он отвечает за автоматические действия.

Эти две системы — целенаправленная и основанная на привычке — работают параллельно. И порой вступают в прямое соперничество. В том числе когда вы хотите похудеть. Префронтальная кора знает о вашем плане — она усвоила цель «сбросить вес». Но дорсолатеральный стриатум хранит другую информацию: каждый вечер после ужина — горсть чипсов. И поскольку эта привычка глубоко впечатана в моторную память, она нередко побеждает сознательную волю.

Все это приводит к важному выводу: префронтальная кора — вовсе не единоличный «генеральный директор» мозга, как считалось раньше. Скорее речь идет о партнерстве: информация движется от префронтальной коры к базальным ганглиям и другим структурам — и обратно. Часть префронтальной коры помогает базальным ганглиям оценивать вознаграждение, сопоставлять прошлый опыт и учитывать долгосрочные цели. Она даже способна моделировать поведение других людей, чтобы точнее выверять собственные решения.

При этом наши решения не высечены в камне. Мозг гибко подстраивает стратегию под обстоятельства. Иногда нужна скорость — например, если грозит опасность. Иногда — надежность, как на собеседовании. В стрессовых ситуациях мозг склонен выбирать быстроту в ущерб точности. Именно поэтому в моменты давления и напряжения мы так часто делаем выбор в пользу привычки. Это попросту эффективнее: делать то, что делал всегда, когда времени на сложные расчеты нет.

Однако на процесс принятия решений влияет не только скорость, но и эмоции. Миндалевидное тело и поясная кора, играющие ключевую роль в переживании и обработке эмоций, тоже посылают сигналы в стриатум. Гнев, страх, желание — все это учитывается при оценке поступающих вариантов. Так что наши решения — результат сложнейшего взаимодействия привычек, целей, эмоций и внешних стимулов. Нередко мы даже не понимаем, почему поступили так, а не иначе, — потому что выбор был сделан еще раньше, в глубине и без участия сознания. Мы осознаем решение лишь после того, как мозг его уже принял.

Но вернемся к еде. Люди, которые безуспешно хотят изменить пищевые привычки (неважно, стремятся они набрать или сбросить вес), то и дело слышат одно и то же: «Просто ешь меньше!» или «Просто ешь больше!» Только вот изменить бессознательные процессы — это совсем не *просто*. И далеко не все зависит от нас. Если, к примеру, в гипоталамусе что-то разладилось, мозг может слишком поздно подать сигнал сытости. Области, сообщающие стриатуму о голоде, продолжают посылать самые мощные сигналы — и вы тянетесь за добавкой. Но что именно может разладиться в гипоталамусе?

Как крошечный участок мозга может обмануть ваше чувство сытости

Сегодня нейронаука знает: у некоторых людей, которые весят больше, чем хотели бы, гипоталамус перестает работать как положено — потому что мозг хронически раздражен. Точнее — воспален. В науке это называется гипоталамическим воспалением. По сути, это тлеющий в мозге стресс, вызванный прежде всего питанием с высоким содержанием жиров и сахара. Слово «воспаление» обычно вызывает ассоциации с горячим лбом, покрасневшей кожей, температурой. Но в мозге все устроено иначе. Это воспаление протекает незаметно — однако исподволь меняет работу гипоталамуса.

Всего через несколько часов после жирной трапезы — скажем, чизбургера с картошкой фри и майонезом — в гипоталамусе начинают меняться определенные клетки. Но не нейроны, которые обрабатывают информацию, а их помощники — глиальные клетки. Если точнее: астроциты и микроглия. В норме микроглия — это обслуживающий персонал нервной системы: снабжает нейроны питательными веществами, убирает клеточный мусор, является первым рубежом борьбы с инфекциями и стоит на страже гематоэнцефалического барьера — строгого пропускного пункта, контролирующего, какие вещества из крови допускаются в нежную ткань мозга.

Словом, глиальные клетки следят за тем, чтобы все работало как часы. Но после жирной еды они вдруг меняют поведение. Астроциты слегка набухают — верный признак того, что они перешли в режим боевой готовности. Они начинают выделять цитокины — небольшие сигнальные молекулы, которые сообщают иммунной системе: «Что-то не так». В принципе, это разумно — своего рода система раннего оповещения. Но тревога поднимает по цепочке и микроглию. Та тоже меняет форму и функцию: становится активнее, возбудимее, переключается из режима «дворника» в режим «охранника». Если это происходит время от времени — ничего страшного. Напротив: это говорит о том, что мозг бдителен и чутко реагирует на перемены. Разовая ложная тревога ему не повредит. Но если вы запускаете этот механизм снова и снова — раз за разом налегая на жирное и сладкое, — временная реакция перерастает в хроническое состояние. Глиальные клетки привыкают к непрекращающемуся обстрелу и остаются в режиме постоянной готовности — словно все время ищут невидимого врага. А это уже чревато последствиями: зоны мозга, страдающие в первую очередь — и прежде всего дугообразное ядро гипоталамуса, — начинают хуже реагировать на лептин и инсулин, те самые гормоны, которые говорят мозгу: «Хватит, ты наелся!» Вместо того чтобы почувствовать сытость, гипоталамус остается заблокированным в режиме голода.

Как будто воспаление в мозге — недостаточно тревожная новость, некоторые исследования показали, что в пораженных зонах могут формироваться рубцы — подобно ране на коже, которая так и не зажила до конца. На снимках мозга видно, что с увеличением массы тела нарастают и структурные изменения в гипоталамусе: чем выше вес, тем ярче они выражены. А это значит: если воспаление не стихает, оно способно оставить в гипоталамусе стойкие рубцы и тем самым необратимо сбить тонкую настройку системы голода и сытости. Гипоталамус начинает воспринимать нормальные жировые запасы как недостаточные и посылает сигнал: «Есть! И побольше!» Одновременно он приглушает чувствительность к гормонам, которые в норме сдерживали бы аппетит.

И на этом сложности не заканчиваются. Новейшие исследования показали: воспаленные астроциты влияют еще и на выброс нейромедиатора глутамата. И нет, речь идет не о том глутамате, который придает вашей лапше быстрого приготовления вкус умами. Глутамат — важнейший регулятор активности нейронов в гипоталамусе. Если этот механизм нарушен, из равновесия выходит вся система: организм сжигает меньше энергии, чувство голода усиливается — и мы весим больше, чем нам бы хотелось.

Важная оговорка: далеко не у всех людей с избыточным весом работает именно этот механизм. У лишнего веса может быть множество причин. Но для тех, кого затронуло тлеющее воспаление, последствия бывают весьма серьезными. И вот что по-настоящему изменило мой взгляд: человек может переедать не потому, что не способен остановиться, а потому, что его мозг — поврежденный хроническим воспалением — просто перестал понимать, когда ему хватит.

Кстати говоря, в отличие от многих других воспалений, воспаление в гипоталамусе пока не поддается прицельному медикаментозному лечению. Добраться до воспалительных процессов именно в гипоталамусе, не затронув при этом весь организм, крайне сложно. Так что простой таблетки от этой проблемы в ближайшее время ждать не приходится.

Почему дети любят мороженое, но терпеть не могут брокколи

Я обожаю своих племянниц, а мои племянницы обожают мороженое. Иногда мне кажется — с рождения. Старшей сейчас двенадцать, младшим — шесть и четыре. Возраст у них разный, но никогда они не улыбаются так широко, как до, во время и после визита в кафе-мороженое. Почему? Почему не существует «брокколи-кафе», где круглый год продают брокколи в цельнозерновых вафлях и где у входа выстраиваются семьи с детьми? Почему перед началом сеанса в кинозал не заходит сотрудник с подносом и не спрашивает: «Кто-нибудь хочет брокколи?» Ведь брокколи несравнимо полезнее мороженого! Витаминов больше, зубам не вредит, лишних килограммов не прибавляет! И все равно — ни единого шанса. С точки зрения эволюции это полный абсурд. Так в чем же дело? Ответ на этот вопрос проливает свет и на другой аспект: почему здоровое питание в целом дается нам куда труднее, чем хотелось бы. Как часто бывает, когда мы делаем то, чего рассудок велит избегать, на сцену выходит дофамин. Эксперименты на крысах показали, что и сахар, и жир способны мощно активировать дофаминовые пути в мозге.

Чтобы понять, чем это чревато, давайте присмотримся к этой могущественной молекуле поближе.

Если вы захотите выяснить, кто открыл дофамин, первыми на вашем пути окажутся трое мужчин. Химики Джордж Баргер и Джеймс Юэнс, которые еще в 1910 году выделили дофамин и впервые описали его как химическое соединение. Или шведский фармаколог Арвид Карлссон, установивший, что дофамин — самостоятельный нейромедиатор в мозге. Его эксперименты на мозге кроликов показали, что дофамин играет ключевую роль в стриатуме — той самой области, которая отвечает за управление движениями. А вот британскую исследовательницу Кэтрин Монтегю вы при поверхностном поиске, скорее всего, не найдете. Когда речь заходила об истории открытия дофамина, десятилетиями ее имя попросту не упоминали. Монтегю работала на кафедре химической патологии Вестминстерской медицинской школы в Лондоне и в 1957 году, используя методы химического анализа, впервые выделила дофамин в человеческом мозге. Именно она первой обнаружила этот нейромедиатор в мозге человека. Однако ее работа носила чисто аналитический характер — функциональную роль дофамина она не исследовала. Карлссон же с коллегами поставил серию экспериментов, раскрывших функции дофамина в нервной системе. Ему это принесло Нобелевскую премию, а Монтегю осталась одной из многих женщин в науке, чей вклад долгие годы оставался в тени мужских достижений.

Со временем ученые стали замечать за дофамином странные вещи. Лишь одна из двух миллионов клеток мозга производит дофамин — ничтожно мало, если учесть, какое колоссальное влияние он на нас оказывает. Выяснилось: без дофамина невозможно движение. У пациентов с болезнью Паркинсона его слишком мало — и потому они постепенно теряют контроль над моторикой. Но позже стало ясно: дофамин — это не только и не столько движение.

В 1980-х его провозгласили «молекулой удовольствия» — химической квинтэссенцией наслаждения, секса и шоколада. В экспериментах выброс дофамина сопровождался чувством эйфории, а испытуемые шли на все, чтобы активировать редкие нейроны снова и снова. Логика была проста: нет дофамина — нет счастья. А раз дофамин работает в системе вознаграждения, значит, именно он и отвечает за ощущение «Ах, как хорошо!».

Эту картину перевернул в 1990-х немецкий нейробиолог Вольфрам Шульц. Он заметил то, что от других исследователей ускользнуло — или было ими неверно истолковано. Шульц работал с обезьянами, обучая их выполнять простые задания: например, дожидаться звукового сигнала, означавшего, что сейчас последует награда — порция сока.

Открытие Шульца и его команды перевернуло представление о дофамине. Дофаминовые нейроны активировались не в тот момент, когда обезьяна получала сок. Они срабатывали раньше — при звуке сигнала. То есть в момент, когда рождалось ожидание награды. И вот что оказалось еще удивительнее: если сигнал звучал, а сока не было, нейроны внезапно замолкали — их активность падала даже ниже обычного уровня. Мозг фиксировал не только возможность награды, но и обманутое ожидание.

Это открытие радикально изменило представление о дофамине. Он оказался вовсе не «гормоном счастья», дарующим блаженство в момент наслаждения. Эксперименты Шульца показали: дофамин — это молекула обучения и предвкушения. Он маркирует не само переживание, а его перспективу — то, ради чего стоит действовать. Дофамин — это нейронное обещание: сейчас может случиться что-то хорошее, потому что в прошлом при тех же обстоятельствах что-то хорошее уже случалось.

Иными словами, дофамин — не столько молекула наслаждения, сколько молекула ожидания. Механизм прост: что бы вы ни делали в момент выброса дофамина — вы с большей вероятностью сделаете это снова. Дофамин — это сигнал: еще!

Более того, как показали работы американского нейробиолога Кента Берриджа, дофамин даже не обязателен для самого переживания удовольствия. Крысы с отключенной дофаминовой системой по-прежнему эмоционально реагируют на сахар: облизываются, причмокивают, на их мордочках читается явное наслаждение. Но искать сахар они перестают. И у человека, судя по всему, все устроено точно так же.

В последние десятилетия у сахара серьезные проблемы с репутацией. Не случайно многие газированные напитки теперь выпускаются и в версии «без сахара». Но я бы сказал так: сахар не герой, однако и не злодей. Сахар — это прежде всего энергия. Химически он представляет собой разновидность углеводов: углерод, водород, кислород. Глюкоза, фруктоза, лактоза, сахароза — всё это вариации на одну и ту же молекулярную тему. Для мозга ключевую роль играет глюкоза — его основное топливо. Мозг весит всего около 2% массы тела, но потребляет примерно 20% всей энергии организма. Причем почти исключительно в виде глюкозы.

Что происходит, когда вы съедаете что-нибудь сладкое? Глюкоза расщепляется в тонком кишечнике, попадает в кровь и через транспортные белки преодолевает гематоэнцефалический барьер, поступая напрямую в нервные клетки. Там она почти мгновенно сжигается. Правда, на активное мышление уходит лишь малая доля — основная часть расходуется на «фоновый режим» мозга: непрерывную обработку информации, о которой вы даже не подозреваете.

Но система вознаграждения реагирует не только на вкус — она реагирует и на то, что происходит в организме после еды. Когда вы потребляете сахар, уровень глюкозы в крови растет. Тонкий кишечник фиксирует этот подъем, сигнал по нервным путям поступает в мозг — и запускает очередной выброс дофамина.

Забавно, что один из ведущих специалистов по теме мозга, питания и сахара носит фамилию Цукер. И, будто этого мало, работает он в Институте Цукермана со слоганом «Разум. Мозг. Поведение» при Колумбийском университете, где исследует — ну конечно — сахар. В 2020 году Цукер и его команда опубликовали в *Nature* исследование, наделавшее немало шума. Они выяснили: вкус — вовсе не главное. Мыши, лишенные способности ощущать сладкое, все равно демонстрировали интерес к сахару. Почему? Потому что их кишечник через так называемую ось «кишечник — мозг» передавал сигнал: «Поступает энергия!» Этот сигнал за считаные секунды по нервным путям достигал системы вознаграждения и вызывал выброс дофамина — совершенно независимо от вкуса.

Команда Цукера выяснила еще кое-что: связь между кишечником и мозгом работает быстрее и точнее, чем думали ранее. Мозг оперативно регистрирует поступление сахара — и выдает награду. Возможно, вам это знакомо — бывает, ешь что-то и думаешь: «Ну, не то чтобы невероятно вкусно, но почему-то хочется еще». Теперь вы знаете, почему так происходит.

Дело в том, что мозг постоянно увязывает вкус с энергетической ценностью пищи. Если определенный вкус раз за разом сопровождается мощным притоком энергии, дофамин посылает однозначный сигнал: еще! Представьте: каждый день в течение восьми недель вам в дополнение к обычной еде дают два по-настоящему вкусных снека — идеально сбалансированных по соотношению сахара и жира. Как это на вас повлияет? Именно это решили проверить ученые из кельнского Института исследований метаболизма Общества Макса Планка. Участников — здоровых взрослых с нормальным весом и устоявшимися пищевыми привычками — разделили на две группы. Первая ежедневно получала два йогурта с высоким содержанием жира и сахара, вторая — два йогурта с низким. Исследователей интересовало прежде всего одно: изменится ли от регулярного потребления сладко-жирного йогурта система вознаграждения в мозге — причем независимо от набора веса и осознанных вкусовых предпочтений.

С помощью функциональной МРТ ученые проверили, как мозг участников реагирует на еду после восьми недель эксперимента. Во время сканирования испытуемым давали либо специально подобранный молочный коктейль, либо безвкусный раствор, а перед каждой порцией на экране появлялась подсказка — красный треугольник или синий квадрат, — предвещавшая, какой напиток последует. Результат оказался, мягко говоря, впечатляющим. Через восемь недель у «сладко-жирной» группы система вознаграждения в мозге изменилась. Мозг стал реагировать активнее — и на сам коктейль, и на подсказку, его предвещавшую. Помните эксперименты Шульца с обезьянами? Тот же механизм: дофамин срабатывает уже на сигнал, обещающий награду. Исследователи резюмировали: интерес к нежирным продуктам снижался, а реакция мозга на молочный коктейль усиливалась. Иными словами, мозг переучился — без сознательного решения человека. И еще одна важная деталь: эффект проявился без набора веса. Значит, изменилось не тело, а нейронная оценка ожидаемой выгоды — благодаря дофамину. Мозг усвоил простой урок: если сладкое и жирное — значит, надо брать.

Но почему мороженое и прочие сладко-жирные продукты активируют систему вознаграждения куда мощнее, чем, скажем, брокколи? Наиболее вероятный ответ — в нашей эволюционной истории. В мире, где пищи было мало, умение распознавать и предпочитать калорийную еду было вопросом выживания. Брокколи — кладезь микроэлементов, но калорий в ней кот наплакал. Мороженое — калорийная бомба. Мозг так и не научился восхищаться брокколи, потому что в те времена восхищаться в ней было решительно нечему. Исследования показывают, что любовь к сладкому и жирному у детей отчасти врожденная. Иногда наука просто подтверждает то, о чем и так догадываешься, наблюдая за своими племянницами. Правда, генетическая предрасположенность — это еще не все: ранний опыт ее заметно усиливает. А значит, чем раньше мы начнем связывать приятные вкусовые впечатления со здоровой едой, тем лучше.

Вызывает ли сахар зависимость

Пойдем дальше. Чем больше сахара мы потребляем, тем прочнее закрепляются дофаминовые механизмы привыкания. Выброс дофамина снижается — и для достижения прежнего эффекта требуется все большая доза. Звучит знакомо, правда? Не напоминает ли это зависимость?

Признаюсь: вопрос провокационный. Наука по сей день не дает однозначного ответа. Многое указывает на то, что сахар как минимум обладает свойствами, способными вызывать зависимость. Но не у всех и не всегда — только у определенных людей и при определенных обстоятельствах.

Одну причину я уже назвал: сахар стимулирует дофаминовую систему — точно так же, как это делают психоактивные вещества. А учитывая, что многим так трудно от него отказаться, вопрос о зависимости встает сам собой. В опытах на животных крысы предпочитали сахар (вероятно, это были не берлинские крысы). И, как мы только что видели, мыши выбирают сахар, даже не ощущая его сладости. Но с людьми все сложнее.

Некоторые исследования заставляют задуматься. В 2020 году ученые наблюдали 35 пациентов с тяжелой алкогольной зависимостью, проходивших стационарное лечение во французской клинике. Доступа к алкоголю у них, разумеется, не было — зато сладкого было сколько угодно. И вот что обнаружилось: 40% пациентов, ранее равнодушных к сладкому, во время лечения развили выраженную тягу к сахару. При этом тяга к алкоголю, наоборот, снижалась.

Похоже, у человека может происходить своего рода перенос зависимости — с алкоголя на сахар. А это еще один аргумент в пользу того, что сахар способен запускать в мозге механизмы, как минимум сходные с зависимостью.

Наш мозг учится через дофаминовую систему. И именно здесь кроется проблема. Сахар становится стратегией — своеобразным универсальным ключом. Мы тянемся к нему, когда хотим сосредоточиться, вознаградить себя или нуждаемся в утешении. Потребление сахара становится автоматическим — а наш мозг обожает автоматическое. И дело, судя по всему, не столько в химическом составе сахара, сколько в усвоенном уроке: сладкое — это хорошо, потому что сладкое — это энергия.

Обзорное исследование, проведенное в Кембридже в 2016 году, показало: убедительных нейробиологических доказательств того, что сахар вызывает зависимость в том же смысле, что никотин, алкоголь или опиоиды, на сегодняшний день нет. Авторы отмечают, что в клинических исследованиях не удалось обнаружить однозначных признаков физической зависимости, отвечающих строгим диагностическим критериям.

На мой взгляд, для окончательного ответа на вопрос, вызывает ли сахар зависимость, данных пока недостаточно. Но кое-что представляется мне очевидным: суть не в том, существует ли сахарная зависимость как медицинский диагноз. Суть в том, насколько тесно переплетены питание, механизмы вознаграждения и поведение. Ведь, чтобы устоять перед нездоровой едой, нужны хорошие привычки.

Как привычки влияют на то, что вы едите

Вообще-то вы планировали бодро начать день. Но в последнее время в офисе не хватает рук. Вы постоянно задерживаетесь на работе, а тут еще свалился крупный проект, за который отвечаете именно вы. Начальница уже не раз давала понять, как важно для нее, чтобы он был успешным. Вы изматываете себя, вечерами возвращаетесь поздно и чувствуете, что вы на пределе. Утром предстоящий рабочий день нависает как туча. Вы знаете: сегодня опять будет тяжело. И силы на исходе. Вместо здорового завтрака — тост с щедрым слоем нутеллы. Вы проглатываете его стоя, на приготовление еды сегодня точно нет времени. И вот банка нутеллы стоит перед вами, в руке — ложка, и вы чувствуете одновременно предвкушение и обреченность. «Одну ложку», — говорите вы себе. — «Я контролирую ситуацию». Но стоит первой ложке оказаться во рту — и куда девается решимость? Сладкая липкая масса растекается по нёбу, дофамин дает о себе знать, за первой ложкой тут же следует вторая. А, ладно, теперь уже все равно. И не успеете оглянуться — банка наполовину пуста, удовольствие испарилось, а вместо него — тяжесть в животе и кое-что похуже: чувство вины. «Ну почему я опять это сделал?» Действительно — почему?

Жадсон Брюер — нейробиолог, психиатр и специалист по изменению поведения. Его область — нейробиологические механизмы зависимости, привычек и осознанности. В 2024 году он выпустил книгу, посвященную именно вопросу «почему»: «Привычка голода». Брюер показывает: наше пищевое поведение чаще управляется не реальным голодом, а привычками. Они глубоко впечатаны в мозг и определяют, что мы едим, как и почему. Проблема в том, что, как мы уже видели, автоматические действия рождаются не из рациональных решений, а из эмоциональных паттернов и дофаминового сигнала: «Хочу еще!»

Вот пример. Допустим, в стрессовой ситуации вы всегда тянетесь к чипсам. Мозг усваивает: чипсы = снятие стресса. Эта связь закрепляется в так называемую петлю привычки: триггер (стресс) → действие (съесть чипсы) → награда (спасибо, дофамин!). Мозг записывает эту последовательность как быстрое и простое решение на случай неприятных эмоций. С каждым повторением, благодаря обучению через вознаграждение, петля затягивается все туже. И в этом главная ловушка: привычка, как правило, не решает настоящей проблемы. Стресс или скука никуда не деваются — а вот в долгосрочной перспективе такие привычки способны нанести реальный ущерб эмоциональному и физическому состоянию и довести до болезни.

Эмоции играют здесь ключевую роль. Часто мы едим не потому, что голодны, а чтобы справиться с переживаниями. В стрессе тянемся к снекам — успокоить нервную систему. Когда нам грустно, едим вместо того, чтобы искать утешения. Когда скучно — разгоняем пустоту будней тройным чизбургером из нового заведения за углом. Мы компенсируем — в буквальном смысле заталкиваем чувства внутрь: грусть, тревогу, напряжение. Мы отвлекаемся — чтобы не думать о неприятном. И вознаграждаем себя — балуем чем-то вкусным, когда есть повод для праздника или когда считаем, что заслужили. Когда я подписал контракт на эту книгу, мы с моей подругой пошли в суши-бар. В обычной жизни мы редко себе такое позволяем. Но ощущение всегда одно и то же: мы это заслужили!

Все эти механизмы вознаграждения когда-то помогали выжить. Но в современном мире, где еда доступна круглосуточно, система вознаграждения продолжает работать — даже когда никакого реального дефицита нет.

Но когда в стрессовые периоды вы тянетесь к тосту с нутеллой или пачке чипсов, дело не только в привычках. Учитывая то, насколько глубоко стресс затрагивает мозг, было бы странно, если бы он не влиял и на пищевое поведение.

И действительно: в ходе масштабного американского исследования «Стресс в США» 79% опрошенных сообщили, что стресс меняет их отношение к еде. Правда, 43% имели в виду, что едят слишком много, а 36% — что слишком мало. Возможно и то, и другое, и сейчас мы разберемся почему.

Начнем с азов: что вообще такое стресс? Стресс — это каскад реакций, которые мозг запускает, чтобы справиться с угрозой. Их задача — не дать опасной ситуации причинить вред. В момент угрозы организм должен выдать максимальную производительность. Например, бежать быстрее, чем когда-либо в жизни, если перед вами саблезубый тигр. Или провести блестящую презентацию важнейшего проекта на работе — если провал грозит увольнением. В мозге существует целая сеть областей, активируемых стрессом, — так называемая система реагирования на угрозу. Работает она примерно так: миндалевидное тело взаимодействует со множеством других отделов мозга и непрерывно сканирует окружающую среду в поисках признаков опасности. Часть этих областей обрабатывает конкретную сенсорную информацию: резкий крик на улице, футбольный мяч, летящий вам в голову, все, что хотя бы отдаленно напоминает змею или паука. Другие работают с абстрактными угрозами: ссора с партнером, увольнение, обвинение в ваш адрес.

Обнаружив угрозу, миндалевидное тело связывается с областями, способными запустить нужную реакцию. Например, с моторными зонами — теми, что отвечают за бегство, вздрагивание, замирание, защиту головы, рефлекторное зажмуривание. Большинство стрессовых ситуаций, с которыми мы сталкиваемся сегодня, не требуют интенсивной физической реакции — не нужно ни бежать, ни напрягать мышцы. Но мозгу это безразлично: он все равно приводит тело в полную боевую готовность. «Организм готовится отбиваться от гризли, даже если реальная угроза — таблица в Excel», — пишет нейробиолог Стефан Гийанэй.

Параллельно миндалевидное тело запускает следующее звено стрессовой реакции — гипоталамо-гипофизарно-надпочечниковую ось (ГГН-ось). По цепочке сигналов надпочечники начинают вырабатывать кортизол — гормон стресса. Часть его эффектов похожа на уже описанные реакции, но растянута во времени. Кроме того, кортизол способен подавлять иммунный ответ и — *снова-здорово*! — менять пищевое поведение.

Но вернемся к связи между стрессом и едой. Дело в том, что кортизол влияет и на систему вознаграждения — в первую очередь на передачу сигналов в прилежащем ядре (*nucleus accumbens*). В сочетании с жиром и сахаром этот эффект еще больше усиливается. В науке это называют пищевым поведением, основанным на вознаграждении: в стрессе мы инстинктивно ищем еду, которая максимально активирует систему вознаграждения. Мы ищем способ компенсировать стресс — а быстрая и предсказуемая доза дофамина, приправленная чувственным удовольствием, идеально для этого подходит. Вот почему, когда вы на взводе, вам редко хочется огурцов — а вот шоколада и картошки фри хочется почти наверняка.

Обзорное исследование показало: так называемые эмоциональные едоки после стресса не только испытывают более сильный голод, но и демонстрируют повышенный уровень грелина — одного из гормонов, сигнализирующих о голоде. При этом после еды грелин у них снижается медленнее, чем у остальных, — а значит, и чувство голода сохраняется дольше.

Ряд исследователей полагают, что именно такой паттерн в перспективе может приводить к расстройствам пищевого поведения. Логика проста: если вы регулярно заедаете стресс и при этом чувствуете облегчение, мозг быстро усваивает формулу: еда = меньше стресса.

Эксперименты с макаками-резусами подтверждают, насколько глубоко стресс перестраивает пищевое поведение. Эти обезьяны удобны для исследователей, потому что стресс не нужно моделировать искусственно. Макаки живут в условиях жесткой социальной иерархии, где подчиненные особи — как правило, самки — регулярно подвергаются притеснениям со стороны доминантных. Когда таким обезьянам предлагали на выбор высококалорийный корм, они предпочитали его стандартному. Стоило убрать высококалорийный корм — и подчиненные обезьяны резко сокращали потребление пищи, теряли аппетит и вес. Доминантные же, напротив, поправлялись. Когда калорийную еду возвращали, подчиненные обезьяны набрасывались на нее с удвоенной силой — потребляя значительно больше калорий, чем до эксперимента, и стремительно набирая вес. Поведение доминантных особей при этом не менялось. Вывод: пищевое поведение обезьян в хроническом стрессе вышло из-под контроля.

Почему так происходит? Судя по всему, потребность в еде не просто следствие стресса. Это действует и в обратную сторону. Так называемая утешительная еда — шоколад, пицца и так далее — способна приглушать физиологическую стрессовую реакцию. Проще говоря: если вы в стрессе и начинаете есть, уровень кортизола падает — по крайней мере на время. Именно поэтому привычка так устойчива: она работает. Мозг инстинктивно тянется к вознаграждающей еде, потому что эволюция настроила его на одно — выравнивать дисбаланс любой ценой. Калорийная пища дает быструю энергию и через дофаминовую систему гасит стрессовую реакцию. Проблема в том, что в мире, где есть круглосуточный доступ к вкусной сладкой калорийной еде и нет ни одного саблезубого тигра на горизонте, этот рефлекс превращается в постоянную стратегию.

А как быть с теми, кто в стрессе не может проглотить ни кусочка? Это тоже объяснимо. При остром, интенсивном стрессе — скажем, в панической ситуации — командование берет на себя симпатическая нервная система, часть автономной нервной системы, отвечающая за режим боевой готовности. Организм переключается в режим «бей или беги»: кровь перенаправляется в мышцы, пищеварение замедляется, голод подавляется. С точки зрения эволюции это абсолютно логично: когда на вас бежит саблезубый тигр, аппетит и перистальтика не главный приоритет. Именно поэтому при особенно сильном стрессе у некоторых людей начисто пропадает аппетит.

В краткосрочной перспективе и то, и другое имеет смысл: одни при стрессе едят слишком много, другие не едят вообще. Но в обоих случаях верно одно: когда стресс становится хроническим, системы идут вразнос. Острое заедание стресса или стрессовое голодание перерастают в устойчивую стратегию. И вот это уже по-настоящему опасно.

Так что, когда в следующий раз вам ужасно захочется шоколада, — скорее всего, дело не в шоколаде. Возможно, вам просто нужна пауза, чтобы дать возможность нервной системе прийти в себя. Вопрос в другом: как разорвать этот порочный круг? Как распознать петли привычек, которые маскируются под быстрое и простое решение, но на самом деле не имеют отношения к голоду? И можно ли избавиться от дофаминового механизма, запускаемого сахаром и жиром?

А может, стоит вовсе отказаться от дофамина?

Идея проста: не позволим мелким дофаминовым наградам управлять нами. Тем самым, которые нашептывают: «Ну еще горсточку чипсов!» Мы думаем: ладно, последнюю — и точно всё. Потом отвлекаемся на шутку или видео — и совершенно машинально снова тянемся к пачке.

Так называемый дофаминовый детокс, или дофаминовое голодание, призван прервать автоматический процесс. Как мы еще увидим, дофамин играет ключевую роль не только в еде, но и в пристрастии к видеоиграм и в нашей тяге к социальным сетям. Идея в том, что, если на время отстраниться от деятельности, перегружающей мозг стимулами, мы снова начнем получать удовольствие от обычных повседневных дел. А в случае с едой — перейдем на более здоровый рацион.

Концепцию популяризировали гуру из Кремниевой долины, утверждавшие, что непрерывный поток дофаминовых выбросов, который дают современные технологии, подтачивает естественную мотивацию. На практике «голодание» выглядит очень по-разному. Одни на несколько часов или дней отказываются от всех дофаминовых триггеров. Другие идут дальше. Гораздо дальше. Удаляют соцсети, бросают видеоигры, отключают телевизор. Исключают сахар, бургеры, пиццу. Хорошие фильмы? Чересчур возбуждают. Мастурбация? Секс? Боже упаси! На YouTube миллионы просмотров набирают ролики, в которых люди — как правило, молодые, подтянутые и ухоженные — уверенно заявляют: откажись от всего этого — и ты вернешь себе контроль над жизнью! Миллионы верят и следуют этим советам.

Калифорнийский психиатр Кэмерон Сепа — один из первых, кто стал продвигать идею дофаминового голодания. И вот что удивительно: в интервью *The New York Times* он признался, что дофамин — «всего лишь механизм, объясняющий, как усиливаются зависимости». Само название — дофаминовое голодание — было выбрано прежде всего потому, что легко запоминается, но понимать его буквально не стоит. Позвольте, а как понимать это *не* буквально?

В действительности многие идеи дофаминового «поста» опираются на ошибочное представление о том, что такое дофамин. Напомню: это собственный нейромедиатор организма, участвующий в работе систем вознаграждения, мотивации, обучения и удовольствия. Но некоторые обращаются с ним так, будто это психоактивные вещества, — и устраивают себе «перерыв», надеясь, что после паузы вернется радость от хорошей еды и живых разговоров. Многие убеждены, что дофаминовый детокс способен «перезагрузить» дофаминовую систему. Но мозг так не работает. Дофамин невозможно «израсходовать» или «пополнить» с помощью детокса. Он вырабатывается и регулируется непрерывно. Проще говоря, нельзя «поголодать» без вещества, которое ваш собственный мозг производит круглосуточно.

Если человек на неделю откажется от соцсетей или фастфуда, радость от повседневных дел не вернется автоматически. Дофамин подстраивается под ожидания. И эффект может оказаться прямо противоположным задуманному.

Эксперименты на мышах показали: после периода «голодания» тяга к поиску вознаграждения становится еще интенсивнее. В переводе на человека: вы хотели избавиться от привычки к сладкому и бесконечного скроллинга — а вместо этого после воздержания вас тянет ним еще сильнее. Резкий отказ вызывает стресс и дискомфорт, потому что мозг продолжает искать награду. Исследования дофаминового голодания показывают, что изоляция и отсутствие элементарных стимулов могут приводить к усилению тревожности, депрессии и ощущению бессмысленности. В крайних случаях дело доходит до истощения и избегания социальных контактов — то есть до прямой противоположности того, чего человек пытался добиться.

И еще одно: проблемы, которые люди пытаются решить дофаминовым голоданием, редко сводятся к одному дофамину. Зависимость от видеоигр, переедание, навязчивый скроллинг — явления многослойные. Когнитивные, социальные и прочие психологические факторы играют не меньшую роль. Тот, кто надеется решить все это одной лишь «детоксикацией», обречен на разочарование.

Так что — да, сама идея сознательно дистанцироваться от избыточного потребления и цифрового шума вполне разумна. Но псевдонаучное представление о том, что мозг нуждается в очищении от дофамина, — это попросту неправда.

Впрочем, существуют и вполне серьезные версии дофаминового голодания — те, что работают с временными блоками и постепенным наращиванием ограничений. На практике это выглядит так: сначала вы на один–четыре часа в конце дня (в зависимости от рабочего графика и семейных обстоятельств) осознанно отказываетесь от поведения, которое хотите изменить. Получилось? Отлично — следующий шаг: один полный выходной без этого поведения. Тоже удалось? Тогда — целые выходные раз в квартал. И финальная планка: одна неделя в год полного воздержания.

Правда, если мы вернемся к примеру с чипсами, временная логика работает хуже. 10 часов без чипсов, а потом залпом целая пачка — не слишком эффективная стратегия. Здесь важнее постепенно сокращать количество. Это куда менее радикально, чем разом отказаться от всего, что вызывает выброс дофамина. Важная оговорка: даже такое умеренное и целенаправленное дофаминовое голодание не терапия при серьезных расстройствах. Это стратегия самоорганизации на каждый день — в одном ряду с цифровым детоксом или практиками осознанности. И все же даже при таком мягком, дозированном подходе все в конечном счете упирается в одно: хватит ли вам силы воли, чтобы подавить поведение, которое давно стало привычкой. А нельзя ли как-то иначе?

Почему в вопросах питания не стоит полагаться на силу воли

Нейробиолог Жадсон Брюер, о котором я уже говорил, занимается петлями привычки в нездоровом питании. Его подход принципиально иной — и, пожалуй, революционный. Он не делает ставку на силу воли и не пропагандирует периоды, когда из жизни решительно изгоняется все, что вызывает выброс дофамина. Его позиция однозначна: сила воли — ресурс конечный и чрезмерно на нее рассчитывать не стоит. Вместо этого Брюер предлагает научно обоснованный метод осознанности, который покоится на трех столпах.

Первый — осознанность, или, как сказали бы сам Брюер и, вероятно, вся стартап-индустрия, awareness. Цель заключается в том, чтобы научиться замечать автоматические петли привычек. Спросите себя: что запускает определенную цепочку действий? Какие эмоции стоят за таким поведением? Какую «награду» вы получаете? Понаблюдайте, например, когда и почему вы тянетесь к определенной еде. Это действительно голод — или за ним стоит стресс? Если вы заметили, что обычно завтракаете овсянкой, а сегодня почему-то схватились за тост с нутеллой, — вы уже сделали первый шаг.

Второй — переоценка награды. Брюер утверждает: большинство «наград» вовсе не так хороши, как нам кажется. Если есть осознанно — например, жевать медленнее, — можно обнаружить, что привычная еда приносит куда меньше удовольствия, чем мы ожидали. К этому выводу Брюер пришел, познакомившись с методикой, изначально разработанной для борьбы с курением. Суть метода парадоксальна: зависимым от никотина предлагают не бросать курить, а просто курить с полным вниманием к процессу. И часто оказывается, что осознанное курение приносит значительно меньше удовольствия: вдыхать дым физически неприятно, а вкус у него, мягко говоря, не из лучших. Брюер рассказывает, что одна участница его исследования, применив этот подход к еде, вдруг осознала: ее любимые мармеладные мишки на самом деле не такие уж вкусные — и перестала их есть. Так что, если вы тянетесь к чему-то, заранее зная, что потом пожалеете, — попробуйте есть этот продукт максимально осознанно.

Третий — формирование новых, полезных привычек. Вместо импульсивных реакций Брюер рекомендует осознанный выбор. Одна из его практик — метод RAIN: Recognize (распознай) — «У меня сейчас приступ голода»; Allow (прими) — «Это нормально, не обязательно что-то делать прямо сейчас»; Investigate (разберись) — «Почему мне этого хочется? Стресс? Грусть? Скука?» и, наконец, Note (отметь) — «Это чувство пройдет, и мне не нужно ему поддаваться». Можно также придумать своеобразный стоп-сигнал осознанности — короткую фразу, например: «У меня стресс, а не голод». Она помогает остановиться и принять взвешенное решение.

По мнению исследователя поведения Бенджамина Гарднера, здоровые пищевые привычки закрепляются, когда повторяются в одном и том же контексте: одна и та же еда, одно и то же время, одно и то же место. Через такие связки «контекст — действие» принятие решения со временем становится автоматическим. Вы перестаете думать. Просто делаете. Именно этого мы и добиваемся.

Брюер предлагает не подавлять тягу — к жирным бургерам, пицце или тосту с нутеллой, — а исследовать ее. Как ощущается этот приступ голода? Что происходит, если ему не поддаться? Такая осознанность постепенно расшатывает привычку. И еще одно: вместо того чтобы ругать себя за срывы, стоит проявить к себе мягкость. Сострадание к себе, говорит Брюер, — ключ к тому, чтобы разорвать замкнутый круг вины и стыда, который так часто ведет к повторному перееданию. Перемены происходят не путем жестких ограничений, им требуется время и практика.

Впрочем, можно и схитрить. Дофамин любит легкие пути. Если пачка чипсов лежит на столе — она будет съедена. Если яблоко спрятано в холодильнике за четырьмя контейнерами — вы за ним не полезете. Звучит банально, но работает безотказно. Поставьте фрукты на видное место. Приготовьте здоровые перекусы с вечера. Планируйте меню заранее и, если есть время, готовьте впрок. Тогда вам не придется каждый раз стоять перед мучительным выбором: а может, все-таки, только в этот раз, в виде исключения… заказать бургер?

9:00

НА РАБОТУ

Почему ваш мозг не компьютер

Завтрак позади, вы готовы к новому дню. Вы приняли душ, оделись, обулись, накинули куртку. Стоите в прихожей, рука тянется к ключам от машины. Пауза. Вы медленно кладете ключи обратно на комод. Застегиваете молнию и выходите на улицу. Сегодня машина остается дома. Вы идете пешком. Да, путь неблизкий — до офиса больше трех километров. Но при обычном темпе ходьбы это каких-то минут 40. Время есть.

Утро 29 февраля 2024 года у моего коллеги из *Krautreporter* Мартина Гоммеля начиналось примерно так: он встал на час раньше обычного, закинул на плечи рюкзак и в семь утра вышел из дома в берлинском Кройцберге. Ему нравилось чувствовать себя одной из ранних пташек — тех, кто бродит по городу ни свет ни заря. Через два километра он остановился на Шиллингбрюке — солнце над Шпрее еще не поднялось. Ровно через шесть километров, тяжело дыша, он свернул на Средцкиштрассе в Пренцлауэр-Берге и толкнул дверь редакции *Krautreporter*. В пять вечера, после рабочего дня, он прошел тот же путь в обратном направлении.

Откуда мне все это известно в таких подробностях? Мартин написал об этом статью, а я ее редактировал. Мартин — журналист, пишущий о психическом здоровье. И то, что именно он написал текст о ходьбе, не совпадение.

В феврале 2024-го Мартин вышел из дома пешком. С тех пор он не изменил привычке. На метро он садится, только если льет как из ведра. О своих утренних и вечерних пеших маршрутах он пишет: «Вдруг я будто лечу. Все вокруг проносится мимо, я чувствую себя невесомым. Скольжу, на секунду прикрываю глаза. Руки и ноги двигаются сами собой, тело исчезает, остается только момент. Шелестят тополя, в лицо дует свежий ветер, время замирает. Я вдыхаю весенний воздух и смотрю поверх берлинских крыш». Сегодня Мартин говорит, что не представляет жизни без этого ежедневного пешего маршрута: «Звучит пафосно, но скажу как есть: ходьба изменила мою жизнь. Я стал бодрее, собраннее, здоровее». И на то есть серьезные основания. Причем некоторые из них связаны не столько с ходьбой как таковой, сколько с тем, что она происходит на свежем воздухе.

А теперь — предложение. Если ваш путь до работы короче пяти километров и завтра не обещают дождь — попробуйте один раз дойти пешком. Если будет ужасно и вы почувствуете себя хуже обычного — что ж, пишите мне гневное письмо, жалуйтесь на эту дурацкую идею. Никто не заставляет вас повторять то, что не понравилось. Но одно утро вы точно переживете. Потому что причин хотя бы попробовать — невероятно много.

Возможно, вы еще помните пандемию ковида. Знаю-знаю, скользкая тема. Вспоминать об этом не хочет никто. Но у того времени были свои особенности. Одна из них: все без конца ходили гулять. Встречаться с друзьями дома было нельзя — и люди выходили вместе на улицы, в парки, в леса. В сети быстро прижилась слегка циничная формула: Going for a stupid walk for my stupid mental health — «иду на дурацкую прогулку ради дурацкого психического здоровья». Но за иронией стоит правда: время на природе действительно снижает стресс и улучшает память, внимание и концентрацию. Почему? И что делать тем из нас, кто проводит большую часть дня в четырех стенах?

В когнитивной науке человеческий мозг часто сравнивают с компьютером. Но у этого сравнения есть очевидные слабые места, и достаточно одной задачки, чтобы это доказать. Попробуйте:

> *Чему равно число 97 367, умноженное само на себя 5000 раз?*

Не знаете? То-то же. Можно, конечно, посчитать на калькуляторе на телефоне. Но представьте, что на дворе 1946 год. Стив Джобс, сооснователь Apple, еще даже не родился. Будем честны: решить такое в уме? Невозможно.

В феврале 1946 года Артур Беркс и его исследовательская группа из Пенсильванского университета пригласили публику, потому что им было чем удивить мир. Они собирались представить ENIAC — *Electronic Numerical Integrator and Computer*, электронный числовой интегратор и вычислитель. Первую машину, способную в мгновение ока выполнять сложнейшие расчеты. ENIAC весил почти 30 тонн, содержал около 18 000 электронных ламп и 7200 диодов, потреблявших 150 киловатт электроэнергии. На его создание ушло более 200 000 человеко-часов. И как это часто бывает, в центре внимания оказались прежде всего мужчины. Артур Беркс действительно был одной из ключевых фигур проекта наряду с физиками Джоном Преспером

Эккертом и Джоном Мокли. Однако программировали эту гигантскую машину в основном женщины.

Когда Беркс объявил, что ENIAC сейчас решит ту самую задачу, репортеры в зале, по свидетельствам очевидцев, склонились над блокнотами. «Смотрите внимательно — а то проглядите», — предупредил он и нажал кнопку. Прежде чем репортеры подняли глаза, задача была решена: результат уже появился на перфокарте, которую Беркс тут же забрал из машины. Вуаля! Изобретатели продемонстрировали еще несколько вычислений, и зал пришел в восторг.

ENIAC стал вехой в истории вычислительной техники. Но не только. Он изменил и наше представление о самих себе. Поначалу исследователи и публика то и дело сравнивали ENIAC с человеческим мозгом: его называли «мозгом-роботом», «мыслящей машиной». Но очень скоро сравнение развернулось на 180 градусов — и родилась, пожалуй, самая влиятельная метафора в истории нейронауки: мозг — это компьютер!

Окончательно эту идею закрепил в 1958 году математик, физик, информатик и экономист венгерского происхождения Джон фон Нейман в работе «Вычислительная машина и мозг». Он был убежден, что мозг — тот же компьютер, только из плоти и крови. Замкнутая информационная машина, запертая в черепной коробке, — как ENIAC был заперт в своем зале. У мозга есть гигабайты оперативной памяти и мегагерцы тактовой частоты. Метафора «мозг — компьютер» исходит из того, что разум — нечто замкнутое внутри черепа. И именно эта запечатанная субстанция определяет, насколько хорошо мы думаем. А раз разум замкнут, он работает по простой схеме: получает входные данные из внешнего мира, обрабатывает их и выдает результат. Мозг — это «железо», разум — софт.

Но так ли это? Ученый Мэтью Кобб пишет в *The Guardian*: «Рассматривая мозг как компьютер, пассивно принимающий и обрабатывающий данные, мы упускаем из виду главное — что это активный орган, часть тела, которое взаимодействует с миром».

Фредерик Валле-Туранжо, профессор психологии британского Кингстонского университета, исследует, в какой мере когнитивные процессы выходят за пределы мозга и опираются на инструменты, социальное взаимодействие и физическую среду. Его формулировка точна: «Думать одним только мозгом, как это делает компьютер, — совсем не то же самое, что думать мозгом, глазами и руками».

С годами философы придумывали всё новые метафоры. Одна из них: мозг — это мышца. Как бицепс, его можно тренировать, и чем усерднее тренируешь, тем умнее становишься. Школы при таком подходе — что-то вроде фитнес-залов для ума.

Есть и более современная идея: мозг — это интернет. Он работает как сеть, управляется децентрализованно, функционирует на немыслимой скорости и хранит информацию. Но у всех этих метафор есть общий изъян: они предполагают, что за мышление отвечает исключительно мозг. А потому ни одна из них не дает по-настоящему ценных подсказок о том, как можно мыслить эффективнее в повседневной жизни.

Так что, возможно, лучшая метафора для мозга — не компьютер, не мышца и не интернет, а кое-что совершенно иное. Научная журналистка Энни Мерфи Пол утверждает: мозг — это сорока. В книге «Расширенный разум: сила мышления за пределами мозга» она объясняет: материалы, из которых сороки строят гнезда, поразительно разнообразны. Все, что попадется: ветки, мох, леска, пластик, ложки, вилки, бижутерия, велосипедные цепи. Наш мозг устроен похоже. Все, что нас окружает, — собственное тело, природа, технологии, другие люди — воздействует на мозг и, следовательно, на мышление. И не просто воздействует: все это и есть *части* мышления. Мерфи Пол формулирует эту мысль так: «Мышление — непрерывный процесс сборки и пересборки, задействующий ресурсы далеко за пределами мозга. Характер доступных материалов определяет характер и качество мыслей. А способность мыслить хорошо, то есть быть умным, — не фиксированная черта личности, а подвижное состояние, зависящее от доступа к ресурсам за пределами нейронов и умения ими пользоваться».

Проще говоря: ноутбук работает одинаково — в офисе, в парке, дома. А мозг — нет. Среда, в которой он работает, меняет результат.

Как природа меняет ваш мозг

Пребывание на природе напрямую влияет на мозг и на мышление. Вот пример. Ученые из Финляндии и Австралии исследовали, как прогулки на природе сказываются на настроении, эффективности восстановления и способности концентрироваться. Эксперимент провели в двух совершенно разных декорациях. Первая — прогулка по финскому хвойному лесу, почти сказочная обстановка: высоченные сосны, мягкая лесная подстилка, свежий воздух. 127 участников прошли этот маршрут. Еще 119 гуляли по городскому парку — совсем другой мир: зеленые лужайки, прогулочные дорожки, городской шум на заднем плане. Дистанция в обоих случаях составляла от четырех до шести километров, темп — свободный. Условия варьировались: одни участники получали задания, специально разработанные для развития внимания и связи с окружающей средой, — например, осознанно наблюдать за природой вокруг. Другие просто гуляли — без указаний, прислушиваясь к звукам и наслаждаясь моментом.

После прогулки участников тестировали по трем параметрам. Первый — настроение: расслаблены вы или напряжены? Второй — субъективное ощущение, удалось ли восстановиться. Третий — специальный тест на устойчивость внимания. Результаты оказались красноречивыми. После прогулки все участники чувствовали себя лучше — но наибольший эффект давала именно природа. С вниманием картина была интереснее: те, кто во время прогулки выполнял задания, связанные с окружающей природой, показали более заметное улучшение концентрации. Судя по всему, активное взаимодействие с природой усилило когнитивный эффект. И еще одна закономерность: наибольшую пользу от прогулок получили те, кто перед началом был в наибольшем стрессе. Парк и лес, похоже, особенно хорошо справляются с задачей подзарядить внутренние батарейки.

В другом эксперименте ученые из Мичиганского университета отправили студентов на 50-минутную прогулку — один раз на природе, другой раз по городу. Каждый участник прошел оба маршрута с перерывом в неделю.

До и после прогулки исследователи тестировали рабочую память: участники слушали последовательности цифр — от трех до девяти — и должны были воспроизвести их в обратном порядке. Длина нарастала постепенно. Чтобы дополнительно нагрузить рабочую память, непосредственно перед прогулкой давалось еще одно задание.

Результат: те, кто гулял на природе, показали на 20% более высокий результат в последующих тестах. Вывод напрашивается: когда мы идем гулять, важен не только сам факт, что мы гуляем, но и то, *где* мы это делаем. Стоит об этом вспомнить, когда в следующий раз будете выбирать маршрут для прогулки с семьей или друзьями.

Но чтобы ощутить благотворное влияние природы, не обязательно выходить из дома. Представьте: вы сидите в комнате без окон, перед вами ноутбук и бесконечно монотонный тест на концентрацию — снова и снова нажимать на числа, реагировать молниеносно, удерживать внимание. Проходит несколько минут, и вы ловите себя на том, что мысли уплывают. Концентрация? Какая концентрация?

Именно это пережили 150 студентов в эксперименте Мельбурнского университета. После изнурительного раунда задач на внимание участникам разрешили сделать паузу. Но не простую. Половина группы 40 секунд смотрела из окна на крышу с цветущей зеленью. Мягко колыхавшиеся на ветру травы и цветы — красота, да и только.

Вторая половина те же 40 секунд смотрела на унылую бетонную плоскость — серую, голую, неподвижную. Приятного мало. Затем все вернулись к тесту. Результат: студенты, смотревшие на зеленую крышу, допустили значительно меньше ошибок. Они реагировали быстрее, стабильнее и внимательнее, чем те, кто пялился на бетон. Такая разница — за каких-то 40 секунд!

У меня тоже бывают периоды, когда мысли вертятся по кругу. Возможно, и у вас такое бывало. Я мысленно перебираю прошлые решения — а вдруг стоило поступить иначе? Или прокручиваю в голове будущие ситуации и конфликты, которые еще не случились, но теоретически могут возникнуть, и как было бы скверно, если бы они возникли, потому что тогда пришлось бы ломать голову над решением. Думать о вымышленных конфликтах — занятие не только безрадостное, но и совершенно бесполезное. Особенно если эти конфликты так и не происходят. Сколько нервов я мог бы себе сберечь, если бы просто перестал себя накручивать. Время от времени — в моменты особого благоразумия — я на час выхожу из дома на природу. И почти всегда после этого воображаемые конфликты кажутся куда безобиднее.

Исследования последних лет показали, что прогулки на свежем воздухе действительно помогают против мрачных мыслей. Ученые из Португалии выяснили, как получасовая прогулка в парке влияет на людей, которые живут в городской среде. Механизм эксперимента был прост: одна группа здоровых участников гуляла 30 минут в зеленой зоне, другая — среди бетонных городских строений. Затем исследователи замерили настроение и склонность к мрачным мыслям. Результаты однозначно показали: только «природная» группа продемонстрировала уменьшение негативных мыслей. Но что это означает? Чтобы это выяснить, команда исследователей сделала так называемый анализ медиации. Обнаружились два центральных механизма. Во-первых, большую роль играет чувство, которое в английском языке называется awe. Это понятие не так-то просто перевести на русский язык. Оно подразумевает не только «благоговение» или «изумление», представляя собой сложное чувство, которое сочетает масштаб, ощущение преодоления, смирение и восторг. Именно это мы испытываем, когда смотрим на море или горы. Исследователи установили: чем чаще участники эксперимента испытывали это чувство во время прогулки, тем успешнее им удавалось преодолевать негативные мысли. Во-вторых, независимо от того, испытывали участники awe или нет, улучшение настроения также способствовало сокращению количества мрачных мыслей. Значит, природа может быть не только лекарством против негативных раздумий. Она также дарит нам другое эмоциональное состояние — обращенное больше к миру, чем к себе. Как раз это нам и нужно, когда нас заклинивает на собственных мыслях.

И даже необязательно выходить из дома. В другом эксперименте ученые обошлись без прогулок — использовались только фотографии. 58 участников сначала получили задание, вызывающее стресс: представить, что им вот-вот предстоит выступить с докладом перед критически настроенной аудиторией. Звучит невинно, но это классический социальный стрессор — задание было специально рассчитано на то, чтобы создать внутреннее напряжение и неуверенность в себе. Затем одной группе показали слайд-шоу с фотографиями природы, другой — с городскими видами, третьей — вообще ничего. Любопытный результат: фотографии природы не остановили поток навязчивых мыслей, однако оказали измеримое воздействие на эмоциональное состояние. Участники описывали ощущение, что они словно «вырвались из повседневности». В этом и состоит ценность исследования: даже визуальные образы природы способны подарить мозгу маленький отпуск — пусть и не заглушая полностью поток неприятных мыслей.

Но благотворное влияние природы прослеживается не только в небольших лабораторных выборках. В масштабном исследовании 2019 года ученые проанализировали данные почти миллиона датчан. Оказалось, что чем больше зелени окружало человека в первые 10 лет жизни, тем ниже становился риск психического расстройства в будущем. Дети, выросшие в районах с наименьшим количеством зеленых насаждений, на 55% чаще страдали психическими расстройствами по сравнению с теми, кто рос в самых зеленых районах.

Почему природа так хорошо действует на мозг

Итак, то, что природа нам на пользу, — не эзотерика и не выдумка, а факт, подтвержденный нейробиологией и психологией. Но почему? Есть ли этому объяснение? К настоящему времени сложился целый корпус теорий, пытающихся объяснить этот эффект.

Пожалуй, самая известная из них — теория восстановления внимания, разработанная Рэйчел и Стивеном Каплан, которые десятилетиями исследуют психологию окружающей среды. Суть такова: внимание — это ресурс. Им можно пользоваться, но он не бесконечен. Пройдитесь по городу, и вы это почувствуете: сигналящие машины, мигающая реклама, велосипедные звонки, гул строительных площадок. Мозг каждую секунду вынужден отсеивать неважное — и это стоит энергии.

Природа обращается к нашим чувствам совсем иначе. Свет, пробивающийся сквозь листву, ветер, скользящий по траве, — все это не требует ни решений, ни оценок, ни реакций. Рэйчел и Стивен Каплан называют это «мягким очарованием». Природа занимает внимание, не нагружая его. Именно это позволяет мозгу перевести дух.

Второе объяснение связано с регуляцией стресса. Его предложил американский экопсихолог Роджер Ульрих. Как мы уже видели, организм запрограммирован мгновенно реагировать на опасность — через отлаженную систему стрессовых гормонов, нервных сигналов и телесных реакций. Проблема возникает, когда реакция становится хронической: когда мозг непрерывно считает, что нужно бить тревогу.

И вот тут, по Ульриху, в дело вступает природа. Зелень, шелест листвы, соприкосновение с землей, светом, воздухом — все это словно говорит мозгу: «Всё в порядке. Ты в безопасности». Это глубинный биологический отбой. Почему природа обладает таким эффектом? Вероятно, потому что наши предки тысячелетиями жили именно в таких условиях. Тихий лес давал пищу и укрытие, помогал выжить. Мозг — не только орган мышления, но и орган выживания. И когда он распознает среду как безопасную, внутренний уровень стресса падает. Этого не способны обеспечить ни офисы, ни приемные, ни тесные квартиры, ни залитые неоном супермаркеты.

Третье объяснение — и, пожалуй, самое глубокое. Оно основано на идее, что человек связан с природой на врожденном, биологическом уровне. Эволюционный биолог Эдвард Уилсон назвал это биофилией — любовью к жизни, к природе, ко всему, что растет и дышит. Почему? Потому что наш мозг сформировался в природе. Бóльшую часть своей истории человечество охотилось и собирало. Мы искали пищу в лесах, пили воду из рек, прятались в пещерах. Наши органы чувств, нервная система, способность принимать решения, — все это складывалось под открытым небом. А значит, мозг создан не для экранов, неонового света и автомобильных гудков. Он создан для лесов, для пения птиц, для ветра — и для тишины.

Когда вы гуляете по лугу, чувствуете запах костра, замечаете белку на дереве — в мозге пробуждаются воспоминания более древние, чем любой детский опыт. Эволюционные воспоминания. Вот почему природа ощущается так хорошо. Она знакома — даже если вы никогда не жили за городом.

Исследование за исследованием подтверждают: время, проведенное на природе, благотворно влияет на мышление. Но способна ли природа еще и исцелять? В одном исследовании, проведенном в больнице Филадельфии, изучали, влияет ли вид из окна палаты на выздоровление. Работа была опубликована еще в 1984 году в журнале *Science* и по сей день считается одной из самых влиятельных в области архитектурной и экологической психологии. Результаты не могут не восхищать: пациенты, из окон которых были видны деревья, нуждались в меньшем количестве обезболивающих, реже страдали от осложнений и проводили в больнице меньше времени, чем те, чьи окна выходили на кирпичную стену. Медсестры значительно реже оставляли записи о негативном психологическом состоянии «зеленых» пациентов. Эта работа стала основополагающей для концепции «исцеляющей архитектуры» — подхода, при котором медицинские учреждения проектируются с учетом самочувствия и скорейшего выздоровления пациентов. А в 2025 году результаты исследования были не только подтверждены, но и существенно расширены.

Группа ученых под руководством Макса Штайнингера из Института психологии Венского университета решила проверить: сохраняется ли эффект, если пациенту показывают видео, а не настоящую природу? Участники эксперимента лежали в томографе и смотрели ролики: одни — с природными пейзажами, другие — с городскими видами или интерьерами. Параллельно на тыльную сторону ладони им наносили электрические разряды разной интенсивности — то есть причиняли реальную боль. Участники оценивали, насколько сильной и неприятной она ощущалась. Звучит жестоко — так и было, но результат оправдал средства: после просмотра природных видео участники эксперимента сообщали, что меньше чувствовали боль. И мозг это подтвердил: на снимках было отчетливо видно, что активность в зонах, отвечающих за физическую обработку болевого сигнала, ощутимо снижалась.

Видео природы влияли не просто на настроение — то есть на эмоциональную оценку боли, как это обычно бывает при эффекте плацебо. Они воздействовали на то, что Штайнингер называет «ранними телесными болевыми сигналами», — на физиологический уровень восприятия. По эффективности это составило примерно половину действия обезболивающей таблетки. Иными словами: природа, судя по всему, напрямую вмешивается в то, как мозг обрабатывает болевую информацию, — еще до того, как включается сознательная оценка.

Выходит, для исцеляющего эффекта не нужна даже настоящая земля под ногами или живое пение птиц. Достаточно видеозаписи. Возможно, перед нами начало нового подхода к лечению боли: меньше таблеток — больше хвойного леса. Так что, когда в следующий раз вы заболеете и будете мучиться от боли, попробуйте просто включить ту документалку о Северном море, которую давно сохранили в закладках.

Но все, о чем мы говорили до сих пор, объясняет лишь половину причин, по которым стоит хотя бы иногда ходить на работу пешком. Бывать на свежем воздухе полезно, это мы выяснили. Но дело не только в этом. Дело еще и в самой ходьбе — по крайней мере, если сравнить ее с поездкой на машине или в переполненном вагоне метро.

Это подтверждает и опрос среди 713 работающих жителей трех крупнейших городов Швеции, которые ежедневно добираются до места работы. Ученые установили: удовлетворенность дорогой на работу напрямую влияет на общее ощущение благополучия. Те, кто шел пешком или садился на велосипед, чувствовали себя заметно счастливее, чем те, кто ехал на машине или общественным транспортом.

Немалую роль здесь играет сам факт движения. Даже при обычной ходьбе задействовано огромное количество мышц, слаженно работающих, чтобы перемещать тело вперед — эффективно и устойчиво. Основную работу берет на себя мускулатура ног. Квадрицепс — передняя группа мышц бедра — разгибает и стабилизирует колено. Задняя группа мышц бедра выносит ногу вперед и обеспечивает толчок. Икроножные мышцы отрывают пятку от земли и дают мягкий импульс для отталкивания, а передняя большеберцовая мышца приподнимает стопу, чтобы вы не споткнулись. Не менее важна ягодичная мускулатура. Большая ягодичная мышца (*gluteus maximus*) обеспечивает мощное продвижение вперед, а малые ягодичные мышцы стабилизируют таз в момент, когда вы стоите на одной ноге. Им помогают мышцы — сгибатели бедра, выносящие ногу вперед в фазе маха, а приводящие мышцы на внутренней стороне бедра удерживают ноги на одной линии.

Словом, ходьба — куда более сложный процесс, чем тупое сидение в электричке. Еще в 1999 году обзорное исследование показало: даже разовая физическая нагрузка — скажем, 30 минут быстрой ходьбы — способна улучшить настроение и качество сна, а люди, ведущие более активный образ жизни, в целом выше оценивают свое психологическое благополучие. И еще один аргумент: тот, кто ездит на работу на машине или в метро, чисто арифметически проводит меньше времени на дневном свете. А вот если бы вы каждый день тратили полтора часа на пешую дорогу туда и обратно — ситуация была бы совсем другой. Глядишь, и от витамина D в таблетках, который зимой принимает чуть ли не каждый второй, можно было бы отказаться.

О том, что дневной свет важен для самочувствия, знают, конечно, все. Но свет способен на большее: он может снизить вероятность того, что вам понадобятся антидепрессанты. В масштабном когортном исследовании с участием почти полумиллиона взрослых британцев ученые изучали, как время, проведенное на улице при дневном свете, влияет на психическое здоровье. Вывод однозначен: чем больше времени человек проводит на дневном свете, тем ниже риск депрессии и потребность в антидепрессантах. И если это не повод хотя бы разок дойти до работы пешком — тогда я не знаю, что вас убедит. Так что — по рукам!

Как тело посылает вам сигналы, которых вы не замечаете

Итак, часть благотворного эффекта прогулок достигается самим движением. О том, как физическая активность влияет на мышление и самочувствие, подробнее поговорим позже. Но взаимодействие мозга и тела — на мой взгляд, один из самых захватывающих сюжетов во всей науке о человеческом разуме. В когнитивистике для этого есть специальный термин — воплощенный разум. За ним стоит идея того, что мышление, восприятие и сознание рождаются в мозге не изолированно, а в непрерывном взаимодействии со всем телом и окружающей средой.

Истоки этой идеи уходят в 1980-е. В книге «Философия во плоти» когнитивный лингвист Джордж Лакофф и философ Марк Джонсон показали, что даже самые абстрактные понятия нередко вырастают из телесного опыта. Когда мы говорим «лето впереди» или «лучшие годы позади», мы буквально мыслим время как движение сквозь пространство. Будущее — впереди, прошлое — за спиной, в точности как при ходьбе. Другие примеры: «теплый человек», «ледяное равнодушие», «холодная атмосфера» — социальную близость и дистанцию мы переживаем как температуру. Задолго до Лакоффа и Джонсона об этом писал феноменолог Морис Мерло-Понти, утверждавший, что сознание всегда телесно. Сегодня одним из самых влиятельных ученых в этой области считается нейробиолог Антонио Дамасио. Его теория соматических маркеров предоставила эмпирические доказательства того, что телесные состояния направляют наши решения. С тех пор многие исследователи развили эту концепцию, и вывод все тот же: мышление — продукт не только мозга, но и всего организма.

Звучит философски? Ну да. Но чтобы понять, что это означает для повседневной жизни — и почему эти открытия напрямую связаны с умением концентрироваться и принимать верные решения, — мне придется рассказать одну слегка неаппетитную историю.

Несколько месяцев назад я проснулся с недобрым урчанием в животе. Прислонился к стене за кроватью. Экран телефона расплывался перед глазами. Желудок продолжал булькать. Я моргал — но зрение яснее не становилось. На лбу выступил пот. Что-то было явно не так. Подробности опущу. Короче: я подхватил кишечную инфекцию.

Вопрос — где? В мексиканском ресторане, где накануне вечером мы с другом ели тортильи с бататом? Или виновато пиво, которое я выпил позднее в пабе, где меня безжалостно разгромили на квизе? (Откуда, скажите, мне знать, как звучит песня Space Oddity задом наперед?)

Нет. Пиво было ни при чем. Виноват оказался ресторан. Конечно, наверняка я не мог знать, действительно ли дело в тортильях. Но сигналы тела были однозначны: стоило подумать о батате — и к горлу подступала тошнота. Это было то самое чутье, которое уже невозможно игнорировать. И с тех пор как я стал изучать взаимодействие мозга и тела, я обращаю куда больше внимания на тихие сигналы, которые посылает мне организм. Потому что тело гораздо чаще знает, на что стоит обратить внимание, чем мозг готов это признать.

Уже упомянутый нейробиолог Антонио Дамасио продемонстрировал это в знаменитом эксперименте в 1990-е: тело влияет на наши решения задолго до того, как мы что-либо осознаём. В так называемой игровой задаче Айова участники эксперимента играли в карточную игру с четырьмя колодами, в которой можно было выиграть или проиграть деньги. Две колоды были «хорошими» — с умеренными выигрышами и умеренными потерями. Две другие — «плохими»: крупные выигрыши, но еще более крупные потери. Вытянув примерно 50 карт, большинство участников понимали, какие колоды принесут им вред. Однако кое-что происходило гораздо раньше. Уже после 10 карт в телесных реакциях проявлялся отчетливый паттерн: кожно-гальваническая реакция — электрическая проводимость кожи, меняющаяся от мельчайших выделений пота, — заметно возрастала каждый раз, когда рука тянулась к «плохой» колоде.

Тело распознавало опасность задолго до того, как сознание успевало ее осмыслить.

Вывод Дамасио: тело — это тихий датчик раннего оповещения. Оно считывает закономерности, которые разум еще не осознал, и передает их мозгу — через сердцебиение, потоотделение, тошноту, сдавленность в груди, прилив крови к лицу. То, что мы привыкли называть «чутьем» или «интуицией», на самом деле не иррационально. Это предсознательное знание, записанное в телесных состояниях. Дамасио называет такие записи «соматическими маркерами», которые представляют собой эмоциональный опыт, хранящийся в теле и позволяющий молниеносно принимать решения, когда на сложный анализ нет времени.

Но как именно это устроено? Как тело разговаривает с мозгом? Ключевое понятие здесь — интероцепция: способность мозга воспринимать внутренние сигналы организма. Сердцебиение, дыхание, наполненность легких и желудка, а также более тонкие ощущения — жажда, боль, тошнота, усталость. Именно эти сигналы проявлялись у участников эксперимента Дамасио задолго до того, как они сознательно разобрались в правилах игры.

Долгое время интероцепцией мало кто занимался. Сегодня мы знаем: она играет ключевую роль в переживании эмоций, саморегуляции и даже в способности понимать других. Особенно подробно эту тему исследует британская ученая-нейробиолог Сара Гарфинкел. Она показала, в частности, что люди, которые точнее распознают собственное сердцебиение, проявляют и более тонкие эмоциональные реакции — у них выше так называемая интероцептивная чувствительность. В одной из самых известных работ Гарфинкел обнаружила: те, кто особенно точно ощущает собственный пульс, как правило, эмоционально стабильнее. При этом она разграничивает два понятия. Интероцептивная точность — это объективная способность правильно регистрировать сигналы тела: например, насколько верно вы ощущаете свое сердцебиение. Интероцептивное осознание — нечто иное: это понимание того, насколько хорошо вы интерпретируете собственные телесные сигналы. И вот что выяснилось: чем адекватнее участники оценивали свою способность считывать внутренние сигналы, тем ниже оказывался риск развития у них тревожных симптомов. Иными словами, хорошее «чувство тела» связано не только с эмоциональной осознанностью, но и с умением регулировать эмоции. А значит, чем лучше вы понимаете свое тело, тем лучше вы понимаете свои чувства — и тем увереннее ими управляете.

Но то, что вы чувствуете, — это не просто сигнал тела в чистом виде. Мозг еще должен превратить этот сигнал в чувство. Эта идея принадлежит Лизе Фельдман Барретт, которая много лет исследует природу эмоций. Ее тезис: чувства — не «сырые» телесные импульсы, а результат их *интерпретации*. Точно так же, как мозг интерпретирует внешний мир — об этом мы говорили во второй главе. Чувства, по мнению Барретт, — это то, что получается, когда мозг истолковывает телесные сигналы в свете накопленного опыта, ценностей и внутренних моделей реальности. Когда сердце вдруг начинает бешено колотиться, вы можете подумать: «Я невероятно счастлив!» А можете — «О нет, у меня паническая атака!» Физиологически за обеими мыслями часто стоит один и тот же входной сигнал — учащенное сердцебиение. Разница — в том, что мозг с ним делает.

Чтобы разобраться, как это работает, присмотримся к двум главным участникам диалога, в ходе которого телесные сигналы превращаются в чувства. Первый — блуждающий нерв. Мы с ним уже знакомы: он проходит как информационная магистраль от брюшной полости через сердце и легкие к мозгу и передает наверх вдвое больше сигналов, чем получает обратно. Так что не только мозг управляет телом — тело в неменьшей степени сообщает мозгу, что происходит. Исследования показывают: когда блуждающий нерв гибко переключается между активацией и торможением, мы лучше регулируем эмоции, легче переносим нагрузки и ведем себя более открыто в общении.

Второй участник — инсула (островковая кора), область, залегающая глубоко в мозге и играющая ключевую роль в обработке интероцептивных сигналов. Сюда стекается информация из тела: о сердцебиении, состоянии желудка, ритме дыхания. Активность инсулы, судя по всему, определяет, насколько мы настроены на собственные внутренние состояния и насколько чутко на них откликаемся. Люди с более выраженной активностью инсулы описывают свои эмоции как более интенсивные. Но есть и обратная сторона: у людей с тревожными расстройствами инсула нередко работает с перехлестом — расценивая безобидное учащение пульса или сдавленность в груди как сигнал угрозы.

А значит, «чутье» — это не просто умение слушать тело. Это умение вести с ним осмысленный диалог. И чем точнее вы представляете, насколько надежно ваше внутреннее восприятие, тем вернее мозг сумеет сделать правильные выводы.

И здесь круг замыкается — мы возвращаемся к моей неаппетитной истории. Сигналы тела оказались настолько мощными, что буквально впечатались в память. До сих пор меня слегка мутит при одной мысли о том мексиканском ресторане. Жаль — я его любил. Но тело не просто отреагировало. Оно усвоило урок. Оно выработало условный рефлекс быстрее, чем сознание успело вмешаться. И именно в этом главная особенность интероцепции: она срабатывает быстрее любого размышления. А порой — и точнее.

В мире, где большинство из нас проводят день сидя и воспринимают тело разве что как транспортное средство из точки А в точку Б, мы постепенно теряем связь с внутренними сигналами. Мы функционируем — вместо того чтобы чувствовать. Но интероцепцию можно тренировать. Попробуйте, например, по-настоящему сосредоточиться на дыхании. Не формально, а всерьез: почувствовать, как воздух входит через нос, как поднимается грудная клетка, как опускается живот. Звучит просто, но в этот момент мозг работает на полную мощность. Более того — он меняется. Именно это показали исследования нейробиолога Нормана Фарба.

Ученые пригласили в лабораторию две группы. Первая прошла восьминедельный курс осознанности — из тех, что используются в программах по снижению стресса. Вторая не делала ничего — точнее, служила контрольной группой. Затем все участники легли в томограф. Их заданием было следить за дыханием, но не механически, а с полным вниманием к тому, как ощущается тело при каждом вдохе и выдохе.

Результаты показали, что у тех, кто прошел тренинг, активность в передней инсуле — интероцептивном центре мозга — была значительно выше. Тренировка внимания обострила восприятие внутренних сигналов. Мозг изменился.

Когда вы регулярно тренируетесь воспринимать свое тело — сердцебиение, дыхание, напряжение в теле, — мозг учится делать это лучше. Вы становитесь чувствительнее к сигналам, которые обычно перекрываются фоновым шумом. И это имеет большое значение: когда вы лучше понимаете, что вам хочет сказать ваше тело, вы чаще принимаете разумные решения (вспомните карточную игру Антонио Дамасио), становитесь эмоционально стабильнее и адекватнее реагируете, если что-то идет не по плану.

Так что, когда в следующий раз вы окажетесь в тупике — засомневаетесь, стоит ли доверять человеку или браться за проект, — прислушайтесь к самому себе: что говорит тело? Вполне возможно, у него уже давно готов ответ.

Почему стоит больше двигаться на работе

Дорога на работу пешком проветрила голову. Да, было бы еще лучше, если бы вы не попали под короткий ливень, который застал вас ровно на полпути между домом и офисом. Зато вы теперь точно проснулись. В офисе вы кладете вещи, садитесь за компьютер и приступаете к работе. Первые пару часов концентрация дается легко. Но потом начинает ныть спина. Удобную позу сегодня не найти. И вот вы сидите, ерзаете — и невольно вспоминаете школу: сколько часов вы в детстве провели неподвижно за партой, когда полагалось учиться?

Ответ: очень много. В среднем дети и подростки проводят 10,5 часа в день сидя. Такие данные получил Институт спорта и спортивной науки Гейдельбергского университета. Оттого для некоторых детей школа превращается в настоящее испытание. Я узнал об этом, когда разговаривал с родителями для материала в *Krautreporter*.

Один отец написал мне о своей дочери Антонии. Через три месяца в первом классе ей разонравилось учиться —

хотя изначально она очень хотела в школу. Отец решил: так бывает, пройдет. Не прошло. Через пару недель он стал разбираться. «Причина лежала на поверхности, — говорит он. — Антония ненавидела сидеть неподвижно». Семья поговорила с классной руководительницей. Через несколько минут выяснилось: то, что Антонии нужно больше движения, — вообще не проблема. С тех пор она может пересаживаться во время урока. Может работать стоя. А когда потребность в движении становится совсем невыносимой — поднимает руку, отпрашивается в туалет и вместо этого пробегает по лестнице вверх-вниз. «Ситуация изменилась», — говорит Йоханнес. Антония снова ходит в школу с удовольствием. И учиться ей опять нравится.

То, что школьникам разрешается двигаться только на переменах (физкультура не в счет), — с точки зрения нейронауки откровенная глупость. А то, что мы, взрослые, переносим это абсурдное правило в рабочую жизнь и на многих должностях восемь часов неподвижно сидим перед экранами, — и вовсе бессмыслица. Как мы только что выяснили, мышление неразрывно связано с сигналами тела. Логично, что тело в движении посылает мозгу совсем другие сигналы, чем тело, застывшее на стуле. Представление о том, что 45-минутные блоки обучения в школе лучше всего проходят без единого движения, говорит прежде всего об одном: мы как общество на удивление мало понимаем в том, как устроено мышление. А между тем давно известно, к чему приводит дефицит движения: диабет, гипертония, сердечно-сосудистые заболевания. Примерно каждый шестой ребенок в Германии имеет избыточный вес или страдает ожирением. Среди одиннадцати–тринадцатилетних — уже каждый пятый, сообщает Институт Роберта Коха. Последствия многочасового сидения проявляются не сразу — они накапливаются годами. А потом мы, взрослые, удивляемся, откуда взялись хронические боли в спине. При этом формально движение закреплено в учебных программах — даже как отдельный предмет. Но, по данным одного исследования, в 2019 году немецкие школьники занимались физкультурой в среднем два с половиной часа в неделю. На фоне 10,5 часа в день (!), которые ребенок проводит сидя, это смехотворно мало.

Но и мы, взрослые, на многих работах проводим бóльшую часть дня сидя. В исследовании 2017 года Кристине Лангханнс и Герман Мюллер из Гиссенского университета предложили группам добровольцев решать в уме математические задачи. Условия различались: одни лежали в шезлонге, другие сидели на велосипедном седле, третьи стояли. При этом каждой группе давалась одна из трех инструкций: слегка двигаться, оставаться расслабленным (без резких движений) или стоять строго неподвижно. На протяжении всего эксперимента когнитивную нагрузку отслеживали методом fNIRS — функциональной ближней инфракрасной спектроскопии. Суть метода в том, что ближний инфракрасный свет позволяет оценивать активность мозга по изменениям уровня кислорода в крови.

Результаты вышли показательными. При инструкции «стоять неподвижно» когнитивная нагрузка резко возрастала. Команда «замереть» активировала ту же область мозга, которая была занята решением математических задач, — префронтальную кору. Именно она отвечает за выполнение интеллектуальных задач — счет, планирование — и за контроль импульсов. Когда часть ее ресурсов уходила на поддержание неподвижности, на решение задач оставалось меньше.

Ранее мы уже говорили о том, как благотворно прогулки влияют на самочувствие. Но что будет, если во время ходьбы одновременно выполнять когнитивные задания — на концентрацию и контроль импульсов? Именно это проверяли в еще одном эксперименте. Участники шли и параллельно решали задачи, а на голове у них было портативное NIRS-устройство — компактный сканер, отслеживающий активность префронтальной коры, области, отвечающей за внимание, саморегуляцию и планирование. Результаты показали, что уже в процессе ходьбы когнитивные показатели заметно улучшались — по крайней мере в заданиях, требующих быстрых и точных решений, таких как классический тест Go / No-Go, где нужно молниеносно отреагировать на стимул или, наоборот, затормозить. Одновременно росла и активность в префронтальной коре. Мозг в движении работал бодрее, слаженнее и собраннее.

Но самое интересное вот что: эффект зависел от интенсивности. При неспешной ходьбе или нагрузке ниже индивидуального порога он был заметен, но выражен умеренно. Стоило темп существенно увеличить — и положительный эффект постепенно сходил на нет. Лучшие результаты мышления достигались не на пределе сил, а в спокойном ритмичном движении — например, при быстрой ходьбе.

Разумеется, это неслучайно. Эволюционная логика проста: когда мы идем, мы должны быть внимательнее, чем когда сидим в укромной темной пещере (я сейчас не про классные комнаты и офисы). Почему движение так помогает мышлению, до конца еще не изучено, но ряд объяснений уже есть. Специалист по двигательной педагогике

Кристиан Андрэ формулирует это так: когда тело в движении, кровоток усиливается, снабжение питательными веществами улучшается и весь организм — включая мозг — начинает работать эффективнее. Движение усиливает кровоснабжение мозга и оптимизирует доставку кислорода. Кроме того, высвобождается целый ряд нейромедиаторов, повышающих эффективность передачи информации между нейронами и стимулирующих рост нервных клеток (подробнее об этом — в разделе о спорте).

Так что пешая прогулка до работы — это, возможно, только начало. Если вы действительно хотите использовать то, что тело играет ключевую роль в мышлении, стоит встроить движение и в рабочий день. Это не так просто — потому что почти никто так не делает. В редакции *Krautreporter* я регулярно встаю, прохаживаюсь по комнате и объявляю коллегам, что мы катастрофически мало двигаемся. Кто-то остается за столом, сосредоточенно работая над текстом. Но то и дело кто-нибудь поднимается — и мы вместе разминаемся посреди редакции. Главное, чтобы кто-нибудь начал первым.

Почему в кафе работается хуже

Боль в спине не унимается, и вы хватаете куртку и выходите пройтись вокруг квартала. По пути замечаете кафе, в которое давно собирались заглянуть. А что, может, поработать здесь — неплохая идея? Вы иногда так делаете — уходите с ноутбуком в кафе. Обычно — когда в офисе надоедают коллеги, а тишина и одиночество на удаленке тоже не вдохновляют. В кафе вы плюхаетесь в продавленное кресло, пристраиваете ноутбук на слишком низкий столик — и работа за чашкой капучино (а иногда и с куском торта) сразу выглядит куда более стильно.

Стоя у входа, вы прикидываете: может, сегодня как раз такой день? Но тут же вспоминаете прошлый раз. Картинка до сих пор стоит перед глазами. Маленький шаткий столик, ноутбук, зарядка небезопасно протянута по полу. Кресло так себе, зато кофе пахнет божественно. Фоновая джазовая музыка создает ощущение, что вы попали во французское кино. Перед вами дымится идеально приготовленный капучино с «обычным» молоком — как подчеркнул официант, когда вы уточнили. Вы абсолютно готовы к работе — и тут звуки вокруг начинают просачиваться в сознание. Справа — бизнесмен на онлайн-совещании. Говорит так громко, будто микрофоны застряли в восьмидесятых, и повторяет одно и то же по кругу. «Создавать синергии», «боттом-лайн», «вин-вин». При этом обводит взглядом зал — так, словно все присутствующие ловят каждое его слово. Слева кто-то стучит по механической клавиатуре, нарочно принесенной из дома. Звук такой, что кажется, вы попали в контору с пишущими машинками.

Дверь то и дело открывается и закрывается, и каждый раз металлический звон колокольчика нарушает вашу концентрацию. У окна ссорится пара: полушепотом, но вы слышите каждое слово. Если честно, их любовная драма кажется куда увлекательнее вашего рабочего проекта. А еще работает рожковая кофемашина. Она шипит, свистит и утробно гудит, пока бариста с энтузиазмом вспенивает молоко. Вперемежку — звяканье чашек, звон монет у кассы и ребенок, вдруг решивший закричать на весь зал. Вы пытаетесь сосредоточиться на экране, но от какофонии звуков кафе в голове пульсирует.

Итак, я уже говорил: тело играет ключевую роль в мышлении. Но не менее важна и окружающая среда. В когнитивистике это называют «встроенным мышлением», а иногда — «распределенным познанием». Суть в том, что познание определяется не только мозгом и не только телом, но и физическим пространством, в котором вы находитесь. Ваши мысли и действия встроены в сеть внешних факторов. Составляя список покупок, вы берете ручку и бумагу или открываете приложение — и тем самым снижаете нагрузку на память. Записка становится частью мыслительного процесса. Мозг, по сути, занимается аутсорсингом. Инструменты и технологии — тоже расширение когнитивных возможностей. Навигатор, например, берет на себя ориентирование и разгружает мозг, когда вы ведете машину. Вам не нужно мучительно вспоминать, как вы в прошлый раз ехали в гости. Достаточно следовать подсказкам на экране.

Идея не нова, но по-настоящему утвердилась лишь в последние десятилетия. В 1980–1990-х когнитивная наука постепенно доказывала, что многие мыслительные процессы объяснимы только во взаимодействии с окружающей средой. Эдвин Хатчинз, профессор и бывший руководитель отделения когнитивистики Калифорнийского университета в Сан-Диего, совершил ключевое открытие, наблюдая за работой экипажа на авианосце. Он обнаружил, что навигация не чисто ментальная задача. Она решается коллективно — при помощи карт, приборов, переговоров и жестов. Главный вывод заключается в том, что разум не заканчивается у стенок черепа. Он выходит далеко за их пределы — в большой мир.

Концепция встроенного мышления помогает понять, почему в кафе, в офисе открытого типа или на удаленке иногда работается отлично, а иногда совсем не работается.

Тот, кто работает, работает не одним только мозгом. Он всегда работает еще и с пространством, в котором этот мозг находится. Но как именно пространство на нас влияет?

Начнем с того, что кажется очевидным: с шума. Что шум мешает концентрации — понятно. Вопрос — насколько. В масштабном исследовании Университета Евле (Швеция) ученые проверили, как различный звуковой фон влияет на выполнение письменных заданий. Результат показал, что разборчивая фоновая речь ухудшала результаты значительно сильнее по сравнению с невнятным бормотанием или тишиной. Когда на заднем плане звучал разговор, участники набирали меньше очков, чаще допускали опечатки и дольше делали паузы между словами. Причина проста: речь — даже та, которую мы не хотим слышать, — автоматически обрабатывается мозгом. Иными словами: если вы пишете в кафе под чужие разговоры вокруг, ваш мозг задействует для их обработки те же нейронные сети, которые нужны ему для вашей работы. Речь идет, в частности, о зоне Вернике — области в задней части верхней височной доли, вблизи слуховой коры. Именно она отвечает за обработку звуков, речи и музыки. При повреждении зоны Вернике человек говорит бегло, но часто использует бессмысленные или не связанные с контекстом слова — понимание речи при этом сильно нарушено. Так вот, если эта область занята обработкой чужого разговора, на вашу задачу ей остается меньше ресурсов. А это проблема.

Столь мощное влияние звуков на мышление объясняется еще и тем, как мозг обрабатывает информацию. Он не просто пассивно воспринимает среду — он ее непрерывно предсказывает. Мозг в каждый момент выдвигает гипотезы о том, что произойдет в следующую секунду. И чем менее предсказуема среда, тем больше энергии уходит на ее обработку. Особенно изматывают так называемые половинные диалоги — когда вы слышите только одну сторону. Например, громкий разговор по телефону за соседним столиком в кафе. Психолог Лорен Эмберсон доказала: половина разговора отвлекает сильнее, чем целый. Так происходит, потому что мозг автоматически пытается достроить недостающую часть. Это энергозатратно — и расходует те самые когнитивные ресурсы, которые нужны для работы.

Но всё не так однозначно. Хотя многие звуковые раздражители мешают концентрации, другие характеристики пространства, напротив, могут ее стимулировать. Исследование Питтсбургского университета показало: в больших помещениях люди мыслят креативнее. Участникам предлагали решать классические задачи на креативность — сначала в тесном офисе, затем в просторном зале. В большом пространстве решений оказывалось заметно больше, и они были оригинальнее. Судя по всему, физический простор расширяет и мысленный горизонт.

Но дело не только в размере. Обзорное исследование выявило и другие пространственные факторы, стимулирующие креативность. Два главных — визуальная насыщенность среды (растения, цвета, произведения искусства) и наличие социальных зон, то есть мест, где можно случайно столкнуться с коллегами, обменяться идеями, просто вдохновиться чужим присутствием. Но не менее важны и пространства для уединения — на случай, когда от всего этого хочется отдохнуть.

И наконец — фактор контроля. Люди, у которых есть возможность регулировать свет, температуру или степень приватности на рабочем месте, не только чувствуют себя комфортнее — они и работают эффективнее. Когда вы можете влиять на среду, исчезает ощущение беспомощности. Прибавить отопление, включить лампу, распахнуть окно, — все это снижает стресс и повышает когнитивную продуктивность.

Встроенное мышление означает: вы думаете не изолированно — вы думаете в среде. Звучит, возможно, банально, но имеет глубокие последствия. Для проектирования рабочих пространств. Для понимания природы креативности. А также это помогает ответить на главный вопрос: как оставаться сосредоточенным в мире, который становится все более громким и открытым и все настойчивее требует нашего внимания.

Так как же быть с офисом открытого типа? С кафе? С тихим рабочим местом дома? Далеко не всегда универсальный ответ — это тишина, минимализм, уединение. Одним людям живая среда идет на пользу: они находят в ней энергию, структуру, даже концентрацию. Другим нужен контроль, тишина, минимум раздражителей. И многое зависит от задачи. Если вам предстоит написать книгу, кафе, наполненное разговорами, — худшее из возможных решений. Именно поэтому ни одна страница этой книги не была написана в кафе. Но если задача попроще — а такие есть почти в любой работе — и вы не против легкого фонового шума, работа в кафе может как минимум поднять настроение.

Какая музыка помогает и какая мешает работать

Зная все это, я совершенно машинально надеваю наушники с шумоподавлением и запускаю любимый плейлист, стоит мне сесть за работу в шумном окружении. Даже сейчас, пока я пишу эти строки, фоном играет джазовый плейлист

Lazy Sunday со Spotify — он как-то незаметно стал саундтреком этой книги. Но не получается ли так, что я просто заменяю один отвлекающий шум другим? Или музыка действительно помогает работать?

Музыка — сама по себе захватывающее поле для исследований, и не только для музыковедения, но и для нейронауки. Ведь где все эти звуковые волны, которые рождаются в мире от игры на инструментах и пения поп-звезд, превращаются в звуки со смыслом? Совершенно верно — в мозге.

Путь звуковой волны до мозга — целое путешествие. Сначала — наружное ухо, барабанная перепонка, среднее ухо. Затем — улитка (кохлея), спиралевидная структура внутреннего уха, заполненная жидкостью. Именно здесь начинается магия. В улитке расположены тысячи волосковых клеток, и каждая из них реагирует на определенную высоту тона: высокие звуки активируют клетки у входа в спираль, низкие — у ее основания. Это называется тонотопической организацией. Звук заставляет мембрану внутри улитки вибрировать, жидкость приходит в движение, тончайшие волоски клеток отклоняются — и рождаются электрические сигналы. По слуховому нерву они поступают в ствол мозга, оттуда — в таламус, выполняющий роль коммутатора сенсорной информации, и дальше — в первичную слуховую кору височной доли, а конкретнее — в верхнюю височную извилину. Это первая станция мозга, где шум превращается в информацию.

Слуховая кора анализирует громкость, высоту тона, ритм, мелодию. Но музыка — это не просто звук. Это эмоция, воспоминание, движение. Поэтому мозг передает информацию дальше — и вот куда. В миндалевидное тело, которое оценивает эмоциональный вес услышанного. Именно поэтому от одной песни вам вдруг хочется плакать, а другая невольно заставляет улыбнуться. В гиппокамп — хранилище памяти. Некоторые мелодии мгновенно переносят вас в детскую комнату, которой давно не существует. В прилежащее ядро — часть системы вознаграждения. Оно срабатывает, когда песня по-настоящему захватывает, особенно в момент неожиданного музыкального поворота. И наконец — в моторную кору и мозжечок. Они синхронизируются с музыкой почти мгновенно. Моторная кора начинает обрабатывать ритмические паттерны и составлять план движений — даже если вам и в голову не приходит начать двигаться. Мозжечок при этом выступает в роли тонкого настройщика: анализирует ритм, выверяет тайминг, калибрует движения по такту. Вот почему ваши ноги начинают притоптывать, едва вы заслышали бит, даже если вы сидите в офисном кресле.

Почему это так примечательно? Во-первых, количество областей мозга, которые мобилизует музыка, поражает — они работают частично синхронно, частично последовательно, частично через петли обратной связи. Во-вторых, музыка активирует сразу несколько сенсорных каналов. Даже если ваши глаза закрыты, она порождает образы, пробуждает воспоминания, вызывает движение. Такая мультисенсорная стимуляция — редкость для мозга, и именно она делает музыку настолько мощным раздражителем. В-третьих, слушание музыки — это, по сути, непрерывная работа предсказания. Мы предвосхищаем, что будет дальше, и испытываем удовольствие, когда предсказание сбывается. Или — когда оно изящно нарушается. Нейробиолог Дэниел Левитин формулирует это так: значительная часть музыкального наслаждения рождается из точного предвосхищения того, что будет дальше, — и из искусного нарушения этого ожидания. Такая предиктивная логика требует от мозга молниеносного анализа, сравнения с хранящимися паттернами и эмоциональной оценки. Все это происходит за доли секунды — без участия сознания. И здесь возникает один из самых увлекательных вопросов: почему нам нравится музыка, которая одновременно оправдывает ожидания и нарушает их? В популярной музыке мы нередко уже при первом прослушивании интуитивно угадываем продолжение. И именно это ощущение — «я знал!» — доставляет удовольствие.

Еще до кульминации, в фазе ожидания, мозг слушателя демонстрирует повышенную активность в дорсальном стриатуме — области, которую мы уже знаем по ее связи с предвкушением и мотивацией. Когда мурашки наконец пробегают по коже, активация смещается в вентральный стриатум, а точнее — в прилежащее ядро, ту самую зону, которая возбуждается при употреблении психоактивных веществ, шоколада и когда человек влюблен. В обеих фазах высвобождается определенное количество дофамина. Организм отвечает на музыку тем же нейромедиатором, чей сигнал обычно означает одно: «Хочу еще!» Исследователи трактуют это как двойной эффект: музыка не просто запускает выброс дофамина в момент кульминации — она перенастраивает мозг заранее, в предвкушении. Наша дофаминовая система реагирует на музыку. И это поразительно. Как мы уже видели, дофамин сигнализирует: «Хочу еще». С едой это объяснимо эволюционно: больше еды — больше шансов выжить. Музыка не выполняет очевидной функции выживания, но запускает в мозге схожие реакции.

Если музыка устраивает в мозге настоящую мобилизацию, неудивительно, что она влияет и на способность концентрироваться. Еще в 1972 году исследование с красноречивым названием «Музыка как средство повышения продуктивности» показало: да, музыка может помогать. Правда, участники того эксперимента проверяли металлические детали на заводском конвейере — делали сугубо рутинную работу. Их продуктивность выросла прежде всего потому, что музыка разгоняла скуку и помогала дольше сохранять бодрость. Та же логика объясняет, почему музыка улучшает работу хирургов: для опытного врача большинство операций — тоже рутина. Но именно в этом и загвоздка. Большинство людей, слушающих музыку за работой, занимаются вовсе не рутиной. Они работают над проектом, заполняют таблицы в Excel — или пишут книгу.

При этом не всякая музыка отвлекает одинаково. Вот на что стоит обратить внимание. Как и чужая речь, музыка с текстом расходует те же ресурсы, которые нужны для чтения и письма. Песни со словами ухудшают результаты при выполнении сложных, комплексных задач и задач, требующих креативности. Это логично: большинство из нас не способны одновременно обрабатывать несколько потоков языковой информации. Но текст песни крадет внимание еще и по другой причине: он активирует те же речевые зоны мозга, которые нужны вам для работы. Если зона Вернике занята обработкой текста любимой песни — для текущей задачи ей остается меньше ресурсов. По сути, это то же самое, что телефонный разговор за соседним столом. Игнорировать его одинаково сложно.

Но дело не только в словах. Музыка с быстрым ритмом и высоким темпом тоже отвлекает — заметно сильнее, чем спокойная и расслабленная. Правило простое: чем увлекательнее музыка, тем хуже она для концентрации. И, возможно, самая неприятная новость: знакомая и любимая музыка вредит интеллектуальной работе больше, чем та, которая нам безразлична. Исследователи полагают, что любимые треки требуют больше внимания, потому что несут более сильный эмоциональный заряд. Мы уже видели почему: с музыкой связаны воспоминания — иногда прекрасные, вроде первого поцелуя, иногда мучительные, вроде ссоры неделю назад. Ни то ни другое не имеет ни малейшего отношения к таблице Excel, которую вы должны были заполнить еще вчера. И именно поэтому так мощно отвлекает.

Так что музыка — не гарант продуктивности, но и не враг. Она помогает, когда ограждает от шума или переводит в комфортное рабочее состояние. Она мешает, когда задействует те же когнитивные ресурсы, которые нужны для выполнения текущей задачи. Все снова упирается в конкретику: что именно вы делаете? Насколько сложна задача? В какой обстановке вы находитесь? И как ваш мозг откликается на музыкальные раздражители?

Когда я сижу в переполненном кафе, где некуда деваться от гула голосов, я надеваю наушники. Но ставлю не ту музыку, которой можно подпевать (и очень хочется подпевать). Ни слов, ни выраженного бита. Только мелодии, которые не перетягивают внимание на себя.

13:30

КОРОТКИЙ ДНЕВНОЙ СОН И НЕУДАЧНОЕ СОВЕЩАНИЕ

Как влияет на мозг послеобеденный сон

На обратном пути вы прошли мимо кафе и вернулись в офис. В течение утра вы не раз прерывались и вставали из-за стола. На обед съели рис с чечевицей и тофу с соевым соусом. И хотя вы можете гордиться своим здоровым выбором, после еды глаза неумолимо слипаются. Сейчас бы прилечь — совсем ненадолго, минут на двадцать. Но что подумают коллеги, если вы растянетесь на диване в переговорной и захрапите? А руководство? Спать на работе? Немыслимо. Нет, исключено. Хотя… а, была не была — вы все-таки ложитесь.

Готов поспорить — через несколько страниц вам очень захочется произнести перед руководством пламенную речь о том, почему вам и всей команде нужно гораздо чаще спать днем. И почему компаниям по всему миру стоит не просто закрывать на это глаза, а активно поощрять.

Я сам давно страдаю от того, что совершенно не умею спать днем. Не знаю, что мой организм имеет против, но отключиться посреди дня у меня не получается. Мой бывший сосед по квартире — совсем другое дело. Когда я работал из дома, я каждый раз наблюдал одну и ту же картину: после обеда он закрывал дверь комнаты и ложился. Через полчаса дверь открывалась, он садился за стол и бодро продолжал работать. Р-р-р.

Но злюсь я не на соседа, а на себя. Я могу лежать, отдыхать, но заснуть днем почти никогда не получается. Если все-таки удается — наслаждаюсь каждой минутой. После дневного сна я чувствую себя заметно бодрее. И невольно задумываюсь: а может, мы вовсе не созданы для того, чтобы спать раз в сутки (в науке это называется монофазным сном)? Может, нам нужен сон несколько раз в день — полифазный сон? На самом деле многое говорит именно в пользу этого.

Послеобеденная сонливость, которая накрывает многих из нас (кому не знакомо это чувство?), по всей видимости, вовсе не связана со слишком плотным обедом — хотя один мой коллега упорно пытается убедить меня в обратном. Скорее всего, эта сонливость запрограммирована биологически. Если подключить к мозгу электроды, видно: между часом и четырьмя дня активность мозга снижается. Даже если на обед не было ни бургера, ни пиццы. Так, может, мне все-таки стоит попробовать регулярно дремать днем? Данные исследований говорят однозначно: дневной сон творит чудеса, и большинству он идет на пользу. Правда, лично мне лучше от него воздержаться. Почему — объясню чуть позже. А пока разберемся, как именно послеобеденный сон делает нас умнее и бодрее.

Есть темы, исследовать которые непросто. Взять хотя бы эффект дежавю — обман памяти, при котором кажется, что вы уже переживали нынешнюю ситуацию. Невозможно сидеть наготове с электродами и ждать, пока у человека случится дежавю: они слишком редки и непредсказуемы. С дневным сном все гораздо проще. Достаточно разделить участников на две группы: одним — спать, другим — бодрствовать. До и после — тесты. Именно так устроено большинство исследований в этой области.

Например, работа дюссельдорфской группы 2008 года. Участников эксперимента попросили запомнить список из 30 слов. Затем одна группа бодрствовала, другая ложилась и спала в среднем 25,5 минуты. Первые результаты показали, что те, кто спал, вспомнили больше слов. Но ученым этого было мало. Они хотели понять, как влияет продолжительность сна, — и пригласили третью группу, которой разрешили спать всего шесть минут. Группа сравнения спала значительно дольше — в среднем около 36 минут. Выяснилось, что даже шестиминутный сон улучшал запоминание по сравнению с бодрствованием, однако длинный сон давал еще более выраженный эффект. Так было установлено влияние кратковременного сна на память: даже недолгого сна достаточно, чтобы лучше закрепить в памяти недавно выученное. Но чем длительнее сон — тем сильнее эффект.

Впрочем, наша память — это не только списки слов. Дюссельдорфские ученые исследовали лишь один аспект декларативной памяти — части долговременной памяти, отвечающей за информацию, которую мы можем осознанно вспомнить. Именно она позволяет хранить и извлекать факты, события, понятия — потому ее и называют «памятью знаний». Но если бы она ограничивалась отдельными фактами, от нее было бы мало толку. К счастью, декларативная память хранит и связи между ними. Эту разновидность называют реляционной памятью. Именно она помогает нам ориентироваться в мире, который по большому счету и состоит из закономерностей и связей. Например: каждый раз, когда я вечером выпиваю три кружки пива, наутро болит голова. Подозрительно похоже на закономерность. Или: темные тучи — значит, скоро дождь. Звонок в дверь — скорее всего, кто-то пришел и чего-то хочет. Мир полон паттернов, и мозг отлично умеет их распознавать и запоминать. И здесь дневной сон тоже помогает: после него мы справляемся с этим лучше.

Возможно, ваш дневной сон тоже когда-нибудь выходил из-под контроля и затягивался дольше, чем вы рассчитывали. Когда такое случается со мной, я потом часами ни на что не годен. Нейробиологи Николь Ловато и Леон Лэк из австралийского Университета Флиндерса показали в обзорной работе, что эффект дневного сна напрямую зависит от его продолжительности. Короткий сон — от пяти до 15 минут — дает почти мгновенный результат: бдительность и внимание улучшаются и держатся от одного до трех часов. Более долгий сон, свыше 30 минут, поначалу может вызвать так называемую инерцию сна — то самое состояние заторможенности, когда не можешь прийти в себя, — но затем когнитивные показатели улучшаются и сохраняются на несколько часов.

Итак, краткосрочные эффекты дневного сна изучены хорошо. Но есть ли долгосрочная польза? Имеет ли значение регулярный послеобеденный сон для когнитивного здоровья в старости? Чтобы ответить на этот вопрос, японские ученые на протяжении пяти лет наблюдали за людьми старше шестидесяти пяти. В начале и в конце исследования измерялись когнитивные функции. Параллельно участники в интервью описывали свои привычки сна, включая дневной, и другие аспекты образа жизни. Главный результат: короткий дневной сон — менее 30 минут — снижал риск проблем с памятью и мышлением почти на 50% по сравнению с результатами тех, кто совсем не спал днем. Вывод исследователей однозначен: тот, кто хочет снизить риск деменции, должен спать днем.

На что обратить внимание

У дневного сна, как мы выяснили, масса преимуществ. Можете смело показать этот раздел руководству: если оно хочет, чтобы вы работали сосредоточеннее, пусть разрешит вам подремать. Но сон сну рознь. Вот четыре вещи, которые стоит учесть, прежде чем ложиться.

Строго говоря, спать стоит не в обед, а после обеда. Исследования показывают: лучшее время — ранний послеобеденный период, до трех часов дня, но не позже четырех. Это совпадает с естественным биологическим спадом — той самой фазой, когда бдительность, внимание и когнитивные способности снижаются сами собой.

Дневной сон имеет смысл только в том случае, если вечером вы засыпаете без особых проблем. Если с засыпанием и так сложно, дневная дрема может усугубить ситуацию.

Не затягивайте. Сон дольше 30 минут повышает риск того, что ночью вы будете спать беспокойно. Короткий сон дает немедленный эффект — бодрость, внимание, ясность мышления — без послесонной заторможенности.

Обеспечьте тишину, темноту и прохладу. По возможности наденьте маску для сна или беруши. И главное: постарайтесь сделать послеобеденный сон регулярной привычкой. Как мы уже видели, дневной сон работает не только здесь и сейчас — его положительные эффекты накапливаются годами.

Из всего сказанного понятно, почему лично мне, пожалуй, лучше обойтись без дневного сна. У меня и так хватает проблем с ночным — я часто просыпаюсь и не могу снова заснуть. Есть риск, что регулярный послеобеденный сон все только ухудшит. Так что воздержусь. И продолжу завидовать тем, у кого получается спать днем.

Почему в компании мы мыслим иначе

На последних страницах я привел немало аргументов в пользу того, что для сосредоточенной работы лучше держаться подальше от коллег. Они отвлекают, шумят, и их разговоры мозг не в состоянии игнорировать. Но полностью изолироваться было бы ошибкой. Это тоже часть «встроенного мышления», о котором мы уже говорили: человек встроен не только в тело и не только в среду — он всегда встроен еще и в социальные связи. И именно они могут стать ключом к нестандартным решениям. Чтобы понять, как это работает, взгляните на четыре игральные карты:

Выдвину тезис: если на лицевой стороне карты четное число, то обратная сторона — в точках. А теперь задание: какие из четырех карт нужно перевернуть, чтобы проверить, верно ли это? Переворачивать можно только те, без которых проверка невозможна. Перевернете лишнюю — проиграете.

С этой задачей — она называется задачей выбора Уэйсона — люди справляются из рук вон плохо. Исследования показывают: правильный ответ дают лишь около 10% испытуемых. Зачем я ее здесь привожу и какой ответ на самом деле верный — об этом чуть позже.

Разумеется, думать можно и в одиночку, и порой задача или проект требуют именно уединенного обдумывания. Но мозг, похоже, ориентирован на другое — на взаимодействие с людьми. Он создан, чтобы рассказывать истории, спорить, флиртовать, признаваться в любви или обсуждать прочитанную книгу.

Международная группа исследователей под руководством Хёнджон Джон из Японии и Пин Ли из Гонконга решила выяснить, как меняется изучение языка, когда люди не просто заучивают слова наизусть, а усваивают их в социальном контексте — например, через взаимодействие с другими людьми. В их эксперименте 36 взрослых учили новый язык. Либо через классические переводы, либо через интерактивные видео, в которых слова использовались в социальных ситуациях, например в диалогах. Тем временем их мозговая активность записывалась на МРТ-аппарате. Главным результатом было то, что социальный вариант оказался более эффективным, особенно после ночного сна. Исследовательская группа интерпретирует это так: когда мы учим новые слова в социальных ситуациях, мы не просто запоминаем отдельные лексические единицы, а связываем их с живыми значениями и ассоциациями в голове. Это делает их более легкими для извлечения, яркими и долговечными.

Я до сих пор в деталях помню свой первый семестр в Оснабрюке. К курсу «Информатика 1: алгоритмы и структуры данных» прилагалась система зачетов. Выглядела она так: в начале семестра нас разбивали на пары, и каждую неделю каждая пара должна была решить набор заданий. Раз в неделю мы встречались с преподавателем и разбирали свои решения. Проблем с зачетами было три. Первая: они стояли в расписании в среду, в восемь утра. Для первокурсников задача почти невыполнимая. Вторая: я ничего не смыслил в информатике. Третья: моя напарница тоже. Мы коекак пытались что-то делать, и чаще всего друзья, куда более способные к программированию, просто писали нам решения. Объяснять на зачете чужой код, делая вид, будто написал его сам, — вот что было настоящим испытанием. Но случались и моменты, когда я действительно что-то понимал. Только это почти всегда происходило не на лекции, а в разговоре: когда друзья подробно объясняли мне свои решения и ход рассуждений, когда мы спорили над заданиями или сравнивали, кто к чему пришел. И это не случайность. Студенты, которые обсуждают материал друг с другом, показывают не просто лучшие результаты на тестах — они точнее помнят пройденное и спустя недели. Социальный контекст мотивирует не только в моменте — он помогает знаниям глубже закрепиться в мозге.

Когда мы учимся вместе с другими — обсуждаем, объясняем, задаем неудобные вопросы, — мы думаем иначе. Информация обрабатывается глубже, потому что приходится облекать ее в собственные слова. Выстраивать аргументы, отвечать на уточняющие вопросы, разбираться в том, что еще не до конца понятно. Все это заставляет мозг работать интенсивнее — и в самом продуктивном смысле. В психологии такой режим называется «глубинная переработка»: мозг не просто фиксирует информацию, а встраивает ее в плотную сеть связей — и сохраняет надолго. К тому же социальное взаимодействие мобилизует множество областей мозга одновременно. Когда мы слушаем собеседника или объясняем что-то сами, включаются не только рабочая память и речевые зоны. Активируются области, которые нейроученые объединяют под названием «социальный мозг», — в том числе те, что отвечают за способность поставить себя на место другого. Иными словами, учиться в компании сложнее — но и продуктивнее. Расширяются не только знания, но и понимание людей вокруг, а с ним — умение сотрудничать.

И тем не менее мы по-прежнему упорно считаем мышление индивидуальным процессом. Что школьникам категорически запрещено делать на экзамене? Правильно: общаться друг с другом. Думаем — поодиночке! Хотя наука говорит ровно обратное: другие люди для мышления незаменимы.

Вернемся к задаче с картами, с которой подавляющее большинство справляется из рук вон плохо. Стоит изменить в эксперименте одну-единственную деталь — и доля правильных ответов взлетает с 10% до 75–90%. Это обнаружили Леда Космидес и Джон Туби — основатели эволюционной психологии. В чем же изменение? Абстрактную загадку с картами заменяют сценарием про живых людей. Например: вы бармен в пивной. Среди гостей полно завсегдатаев в возрасте, но то и дело заглядывает молодежь — заказывает пиво и безалкогольные напитки. Ваша задача — следить за правилом: кто пьет пиво, тому должно быть не меньше восемнадцати. Перед вами четыре карточки с информацией о посетителях за одним столом. На одной стороне — что человек пьет, на другой — возраст. Какие карточки нужно перевернуть, чтобы проверить, не нарушается ли правило?

И вдруг загадка перестает казаться сложной. Нужно перевернуть только те карточки, которые могут *нарушить* правило: проверить, не заказал ли шестнадцатилетний алкоголь, и убедиться, что любителю пива есть восемнадцать. Что пьет двадцатипятилетний и сколько лет тому, кто заказал колу, для проверки неважно. А теперь, с этим знанием, вернитесь к первой загадке — с игральными картами. (Посмотрите на рисунок еще раз.) Тезис был: если на лицевой стороне четное число, обратная сторона в точках. Какие карты перевернуть? Теперь решение дается проще: карту с четным числом и карту с полосками. Опровергнуть тезис может только карта, у которой на одной стороне четное число, а на другой — что угодно, кроме точек.

Если сейчас вы думаете: «Отлично! Значит, буду решать рабочие задачи вместе с коллегами — и лучшие решения найдутся сами собой!» — я вас разочарую: не все так просто. У социального взаимодействия, как водится, есть и теневая сторона. Особенно когда нужны по-настоящему нестандартные идеи.

Почему «мозговой штурм» не приносит хороших идей

После дневного сна вы чувствуете себя заметно бодрее. Заглядываете на офисную кухню, хватаете горсть орехов и садитесь за рабочий стол. В этот момент на экране всплывает напоминание: «15:30 — мозговой штурм: новый проект. Переговорная А». Уф. Чуть не пропустили. Совещание совершенно вылетело из головы. Отчасти потому, что у вас стойкое ощущение: эти бесконечные мозговые штурмы ни к чему не приводят. Проблема в том, что вы правы. Но об этом — через минуту. Сначала перенесемся на 75 лет назад.

В конце 1940-х Алекс Осборн — сооснователь и партнер американского рекламного агентства BBDO — решил написать книгу. Агентство считалось одним из самых изобретательных в отрасли, и Осборн сыграл в успехе не последнюю роль. Он хотел поделиться своим методом. Книга вышла под названием «Ваши креативные силы» (Your Creative Power) и обещала раскрыть секреты креативности. Смесь популярной науки и баек из рекламного бизнеса неожиданно взлетела на верхние строчки списков бестселлеров — во многом потому, что Осборн обещал читателям ни много ни мало удвоение творческой отдачи. Достаточно следовать его советам. Может, и мне стоило написать что-нибудь подобное на обложке?

Книга была напичкана приемами и стратегиями. Осборн, например, советовал всегда носить с собой записную книжку — чтобы быть наготове, когда нагрянет вдохновение. Предвидеть, что однажды у каждого в кармане окажется смартфон, он, разумеется, не мог. Но самой знаменитой стала идея из 33-й главы — «Как организовать группу для выработки идей». Осборн писал: когда люди работают вместе, им следует устроить *мозговой штурм* — «командную атаку, в которой каждый нападающий бьет по воротам». Для эффективной сессии группа должна среди прочего воздержаться от оценок и критики: не морщиться, если чужая идея кажется нелепой. Наоборот — приветствовать необычное. И главное: гнаться за количеством. Чем больше идей, тем лучше.

Наверняка и вы хотя бы раз в жизни участвовали в таком «штурме». Мой первый случился еще в школе — учительница географии объявила, что этот метод сегодня просто обязан освоить каждый. Обычно после сессии коллеги расходятся с чувством, что поработали продуктивно. Доска увешана стикерами со свободными ассоциациями, а то и целой ментальной картой. Мозговой штурм выглядит как идеальный инструмент: повысить групповую продуктивность и вытянуть из команды самые нестандартные идеи. Но есть проблема: он не работает.

Мы знаем это уже давным-давно — хотя мозговой штурм и по сей день остается излюбленным рабочим инструментом во множестве компаний. Еще в 1958 году группа исследователей из Йельского университета* решила проверить метод Осборна на практике. Они набрали 96 студентов: половину разбили на 12 групп, остальные работали поодиночке. Всем предложили одни и те же творческие задачи; группам велели соблюдать правила Осборна — никакой критики, максимум идей. Дальше — арифметика. Группы в среднем выдали по 37,5 идеи. Это число сравнили с ито-

* Генпрокуратура внесла Йельский университет в список организаций, чья деятельность является нежелательной на территории Российской Федерации.

гами «виртуальных групп»: просто сложили результаты четырех одиночек. Логика проста: такая условная четверка показывает, чего можно ожидать, если люди работают вместе, но без плюсов и минусов мозгового штурма. Результат: одиночки в сумме генерировали примерно вдвое больше идей — 68,2 против 37,5. Причем их идеи ученые оценили как более реализуемые и эффективные. Десятки более поздних исследований подтвердили то же самое: мозговой штурм не дает лучших решений. Но попробуйте отменить метод, который однажды прижился!

Так почему же он не работает? За прошедшие десятилетия этому вопросу посвятили немало исследований, и объяснений набралось несколько. Одно из них: когда в сессии участвует руководство, люди боятся, что их идеи осудят. Вместо смелых и нестандартных предложений выбирают безопасные: лишь бы не произвести дурного впечатления на начальника. И не решаются высказать первое, что приходит в голову. Другая причина: экстраверты захватывают пространство, а интроверты отступают на второй план. Нейровизуализационные исследования показали, что при внешней стимуляции у интровертов активнее работают области, отвечающие за глубокую обработку информации, осмысление и поиск решений. Иными словами, им нужно чуть больше времени, чтобы переварить входящий поток, — а экстраверты к этому моменту уже выпалили все, что пришло на ум.

Есть и третья проблема: группы тяготеют к консервативным идеям. Неверное решение для мозга — в буквальном смысле боль, и мы инстинктивно тянемся к тому, что безопаснее. Американские исследователи обнаружили, что люди в целом предпочитают проверенные, знакомые решения, а не новаторские концепции, сопряженные с риском.

Их вывод звучит парадоксально: мы жаждем креативных идей — и одновременно склонны их отвергать.

Все это, разумеется, не значит, что думать вместе бесполезно. Многие современные задачи настолько сложны, что в одиночку с ними попросту не справиться. Вопрос в том, как эффективнее организовать совместное мышление. Именно этим в 2004 году занялись исследователи из США и Франции. Американская выборка включала в себя 260 женщин, французская — 30 мужчин и 175 женщин, из которых в анализ вошли 195 человек.

Всех участников разбили на команды по пять человек. У них была одна общая задача: найти способ снизить транспортную нагрузку в районе залива Сан-Франциско (в парижской выборке — в Париже). Каждой команде назначили один из трех режимов работы.

Первая группа получила классическую инструкцию для мозговых штурмов — в духе Осборна, с главным правилом: никакой критики. Второй группе дали такую установку: «Исследования показывают, что лучший способ найти хорошие решения — придумать как можно больше. Мыслите свободно, не бойтесь говорить всё, что приходит в голову. Но исследования также показывают, что идеи других стоит обсуждать — и даже критиковать». Третья группа не получила никаких особых указаний.

Дальше командам дали 20 минут на поиск максимально качественных решений. Результат? Классический «мозговой штурм» не дал преимущества по количеству идей. Группа, которой разрешили спорить, оказалась сильнее.

Чтобы совместная работа давала результат, нужен баланс: сначала — подумать в одиночку, затем — вынести идеи на обсуждение. Время не должно быть жестко ограничено, а от участников не стоит требовать немедленных выводов или окончательных решений. При таких условиях групповое мышление работает.

Если вы хотите думать и работать по-настоящему эффективно — используйте всё, что вас окружает. Потому что все это влияет на концентрацию, на самочувствие, на качество идей. Прогулка на свежем воздухе способна направить мысли в нужное русло. Диван в офисе — подарить 20 минут восстанавливающего сна. Наушники с шумоподавлением — оградить от лишних звуков, если, конечно, правильно подобрать музыку. А разговор с коллегами — вывести из тупика. Потому что социальная природа человека остается с ним и в офисной рутине.

18:00

В СПОРТЗАЛ

Почему смотреть спорт полезно для мозга

Я страстный баскетбольный фанат; чего уж там, я помешан на баскетболе. В иные недели я провожу по несколько вечеров подряд за просмотром матчей — если, конечно, нет других планов. В первую очередь смотрю Евролигу, сильнейшую европейскую лигу: там играют «Реал Мадрид», мюнхенская «Бавария», «Панатинаикос». Когда в Евролиге пауза, сгодится и немецкая Бундеслига. Бывают вечера, когда я смотрю абсолютно проходные матчи вроде «Росток» — «Гёттинген» (ничего личного, оба города прекрасны!).

Баскетбол вошел в мою жизнь, когда мне было десять лет, и примерно столько же я смотрю игры. Раньше, когда колени еще не протестовали против активной игры, я часами зависал на YouTube — разбирал видео с техникой движений. Сейчас уже нет, зато я обнаружил кое-что утешительное: все эти часы перед экраном были не зря. Когда мы смотрим спорт, мы от этого реально выигрываем. Больше того: даже если мы просто представляем, как занимаемся определенным видом спорта, мы можем продвинуться в нем — при определенных условиях.

В науке это называется «наблюдение за действиями» — и под действиями здесь имеются в виду движения: спортивные, бытовые — любые. Мы проводим огромную часть жизни, наблюдая за другими, — и это действительно помогает учиться. Вспомните детство. Вы научились ходить, бегать, бросать мяч, ездить на велосипеде. Ни учебников, ни инструкций, ни дорогостоящего коучинга «Ходить, а не ползать, за семь недель!». Вы просто смотрели, как это делают другие. А потом пробовали сами — снова и снова. И с каждым разом получалось чуть лучше. Почему это работает?

Есть знаменитая поговорка. В США говорят: «Обезьяна видит — обезьяна делает». Хотя эти слова звучат как фраза из мультфильма, они описывают фундаментальный принцип мозга: наблюдая, мы учимся. Поговорка описывает открытие, которое группа итальянских ученых сделала в 1992 году. Исследователи из Пармского университета измеряли мозговую активность обезьян, пока те использовали различные предметы. Ученые быстро увидели: когда животные взаимодействовали с предметом, были активны определенные моторные области мозга. Этого они ожидали. Но во время эксперимента они заметили еще кое-что: мозговая активность обезьян менялась, не только когда они использовали предметы сами, но и тогда, когда ученый поднимал предметы и клал их в коробку. Команда адаптировала свой эксперимент, теперь она хотела узнать, что происходит в мозге обезьян во время этих наблюдений. К удивлению исследователей, у обезьян активировались нервные клетки в премоторной коре — области мозга, участвующей в планировании движений. Клетки активировались как тогда, когда обезьяны сами выполняли движения, так и тогда, когда обезьяны наблюдали, как эти движения выполняет ученый. Этого исследователи не ожидали. Группа ученых позже назвала эти нервные клетки зеркальными нейронами, чтобы показать, что мозговая активность обезьян при наблюдении за действиями отражала мозговую активность, зафиксированную при выполнении тех же движений. Эта случайная находка была одним из важнейших нейронаучных открытий XX века и имела далеко идущие последствия для психологии, педагогики и исследований мозга вплоть до робототехники.

Очень скоро выяснилось, что аналогичные механизмы работают у людей: когда мы наблюдаем за чужими действиями, в мозге активируются те же моторные зоны. Но можно ли это использовать на практике — например, для улучшения спортивных результатов? Чтобы ответить на этот вопрос, исследователи обычно показывают участникам видеозаписи спортивных движений — скажем, волейбольных подач или гимнастических элементов. Участников делят на группы по уровню подготовки — новички и опытные спортсмены, — чтобы сравнить, как различается нейронный отклик. Видео подбирают так, чтобы каждая деталь движения была отчетливо видна: важно, чтобы мозг мог «считать» биомеханику целиком.

Пока участники смотрят, им делают томографию мозга. Как и в пармском эксперименте с макаками, ученых прежде всего интересуют моторные и сенсорные области — премоторная кора и система зеркальных нейронов, которая активируется при планировании и выполнении движений. После просмотра участники сами выполняют увиденные движения, а исследователи оценивают результат по трем параметрам: точность, скорость, координация.

Исследования раз за разом подтверждают: наблюдение за движением активирует те же зоны мозга, что и само выполнение, — премоторную кору, сенсорные области, систему зеркальных нейронов. Пока все ожидаемо. Но дальше интереснее: после просмотра испытуемые нередко выполняют движения лучше, чем прежде. Только за счет наблюдения. *Человек видит — человек делает*. При этом прогресс заметнее у опытных спортсменов, чем у новичков, — по всей видимости, потому что годы тренировок уже развили их нейронные сети.

В одном из таких экспериментов участвовали регбисты. Четыре недели подряд игроки перед тренировкой смотрели короткие видео: профессионал выполняет идеальный бросок. Затем тренировались сами. Результат: по сравнению с контрольной группой, которая видео не смотрела, они попадали в цель чаще и бросали точнее — притом что тренировались ровно столько же. Судя по всему, решающую роль сыграло то, что правильное движение уже было прожито в голове — прежде чем в игру вступило тело.

Но дело не только в наблюдении. Когда я был помоложе — и чуть гибче, — у нас на стене дома висело баскетбольное кольцо. В свободные от тренировок дни, если погода позволяла, я часами играл на подъездной дорожке. Иногда с друзьями, но чаще один. И нет, я не просто тупо кидал мяч в кольцо раз за разом. Я воображал себя в центре решающего матча. Вот я — мое будущее я, игрок сборной Германии — наконец-то вышел против великих американцев, и — о Боже, дамы и господа, это сенсация! Германия обыгрывает США и становится чемпионом мира! (В те годы это звучало совершенно фантастически. Но в 2023-м сборная Германии действительно выиграла чемпионат мира — правда, к сожалению, без моего участия.)

А иногда я перевоплощался в знаменитых баскетболистов и копировал их манеру бросать и вести мяч. Удивительным образом в этих воображаемых матчах все неизменно решалось последним успешным броском — и я, разумеется, забивал мяч с невероятной хладнокровностью. Если промахивался — прокручивал сцену заново, пока не попадал. Нигде в мире не было совершено столько победных бросков, как на подъездной дорожке у дома моих родителей. Слева — гаражные ворота в роли соперника. Справа — соседская яблоня в роли трибун. А посередине — я, одиннадцатилетний, с непоколебимой уверенностью, что мне рано или поздно позвонят представители NBA.

Но воображаемым баскетболом дело не заканчивалось. Даже дома, вечером в кровати или днем на уроках, когда мысли уплывали от слов учителя, — я прокручивал в голове движения. Финт из вчерашней трансляции матча NBA. Бросок с тренировки. Я не делал это специально — оно просто происходило. Баскетбол был всюду. Сегодня я знаю: даже это — мысленное проигрывание движений, рисование их в воображении — позволяло мне играть лучше.

Это называется моторным представлением. Как именно оно помогает в спорте, исследователи проверили в 2020 году — на настоящем поле для гольфа, с настоящими игроками и вполне осязаемой целью: загнать мяч в лунку. Участники сначала смотрели короткое видео, в котором профессиональный гольфист идеально выполнял удары (патты). Но, в отличие от регбистов из предыдущего эксперимента, к тренировке они переходили не сразу. Сперва — с закрытыми глазами — они представляли движение. Ощущали в воображении замах, распределение веса на подошвах, мягкую подачу запястий, скольжение клюшки по мячу. Вторая группа ментальной подготовки не получала: перед тренировкой им давали почитать что-то о гольфе — без инструкций и подсказок. Тренировочная программа в остальном была одинаковой. Обе группы до и после выполняли по 20 паттов в одних и тех же условиях.

Результат? Те, кто наблюдал за профессионалом и затем мысленно проживал движение, попадали в лунку значительно чаще, лучше контролировали скорость мяча и в целом прибавили в точности заметнее, чем контрольная группа. Но — важная оговорка: эффект проявился только у тех, кто и раньше хорошо умел чувствовать движение изнутри. А значит, и эту способность можно развивать. Порой лучшая подготовка к матчу — не еще один удар, а еще одна мысль.

Как воображение делает вас сильнее

Что из всего этого следует на практике? Как использовать силу воображения, чтобы стать лучше — в плавании, гольфе, теннисе, любом другом виде спорта? Обзорная работа, обобщившая 133 исследования мысленных тренировок, дает конкретные ответы: как часто тренироваться мысленно, как долго и на что обращать внимание.

Главное условие: движение нужно снова и снова прокручивать в голове. В среднем участники экспериментов мысленно повторяли движение 34 раза за одну тренировку. Между подходами важно делать паузы — иначе концентрация падает. Как именно нужно представлять движение? От первого лица. Не смотреть на себя со стороны, а чувствовать изнутри, как напрягаются мышцы, как распределяется вес, как тело проходит через каждую фазу. Глаза лучше закрыть — так легче сосредоточиться на ощущениях.

Исследователи говорят, что оптимальная частота таких тренировок — три раза в неделю. Но бесконечно продолжать не нужно: обычный цикл длится четыре–шесть недель. Как только вы будете довольны качеством выполнения, можно переключиться на другое движение.

Важный нюанс: движение нужно хотя бы приблизительно уметь выполнять в реальности. Тот, кто ни разу не делал теннисную подачу, мало что извлечет из мысленного повторения идеального удара. Логика проста: мозгу нужна хоть какая-то телесная память о движении — точка отсчета, от которой можно отталкиваться. Зато если движение вам знакомо, но, скажем, не хватает скорости, многократная мысленная прокрутка способна это исправить. И лучше всего ментальные тренировки работают в связке с реальными. Как показал эксперимент с гольфистами, даже короткая визуализация непосредственно перед выполнением делает движение чище.

Маленький Бент, конечно, ничего этого не знал, когда стоял на подъездной дорожке перед домом и в воображении раз за разом забрасывал мяч в корзину и обводил соперников. Но вот что я могу сказать: когда в прошлое Рождество я стоял на той же дорожке рядом с мамой и мы смотрели на изрядно проржавевшее, позеленевшее кольцо, было приятно сознавать, что все те часы были потрачены не зря.

Поскольку автор этой книги я и мне решать, как пройдет ваш день, отправлять вас на диван смотреть баскетбол я, разумеется, не стану. Может, вы его и не любите — избавлю вас от этой пытки. А вот от чего не избавлю — так это от настоящего спорта. Потому что как бы ни были полезны просмотр видео и мысленные тренировки, заменить реальное движение они не могут. Так что после работы — не домой. Рюкзак со спортивной формой вы предусмотрительно собрали еще утром, и теперь ваш путь лежит в спортзал. Потому что там — и везде, где вы двигаетесь, — мозг попадает в совершенно особый мир. Мир, о влиянии которого стоит знать.

Как спорт помогает мышлению

Обычно я не любитель громких заголовков, но сейчас придется: ученые обнаружили чудо-средство. Принимать — всего несколько раз в неделю. Эффекты — почти невероятные: снижение риска деменции, улучшение памяти, когнитивных способностей, общего самочувствия и настроения. Ослабление симптомов депрессии и других психических расстройств. И — внимание — оно почти ничего не стоит. Цена зависит от того, какую именно форму вы выберете, но в целом — копейки. Мне неловко, но все же спрошу: вы бы стали его принимать?

Ладно, вопрос был с подвохом — любой бы согласился! Такое средство и правда существует. Только это (увы) не таблетка и не сироп. Я говорю о спорте. Наука доказывает раз за разом: физическая активность делает нас не только крепче, но и умнее. Вопрос в том, как именно это работает. Разберем по порядку — начнем с когнитивных способностей, памяти и вопроса, сколько спорта для этого нужно.

Связь между движением и мышлением — открытие сравнительно недавнее. Долгое время считалось, что для работы мысли нужны тишина, сосредоточенность и неподвижность. Что потребность двигаться следует обуздать. Вы уже знаете, что это совсем не так. Прогулки помогают концентрироваться — мы об этом говорили. У меня был учитель физкультуры, который любил повторять: «Будешь двигаться — горы сдвинешь». Тогда я не очень понимал, что он имеет в виду. Сегодня понимаю: он был прав — причем буквально, на уровне биологии. Спорт приводит в движение не только кровь, но и мозг.

Группа исследователей из японского Университета Тохоку задалась вопросом: могут ли даже короткие тренировки повлиять на мышление? Иначе говоря, будет ли эффективной программа, которая вписывается в повседневную жизнь пожилых людей? Они пригласили 64 здоровых взрослых человека средним возрастом чуть за шестьдесят семь и случайным образом разделили на две группы. Первая четыре недели занималась по комбинированной программе: кардио, силовые, растяжка — три раза в неделю. Вторая попала в лист ожидания и не делала ничего сверх обычного — классическая контрольная группа. До и после эксперимента всем участникам, включая контрольную группу, дали множество нейропсихологических тестов.

Результат оказался на удивление однозначным. Группа, которая тренировалась, улучшила показатели сразу в нескольких когнитивных областях. Больше всего выросли исполнительные функции — способность принимать решения, удерживать фокус и гибко переключаться между задачами. Подтянулась и эпизодическая память (хранилище личных воспоминаний), и скорость обработки информации. И все это — после 12 занятий за месяц. Показатели контрольной группы не изменились. Исследователи расценили это как убедительное подтверждение: движение способствует мышлению. Без дорогого оборудования. Без специальных диет.

Насколько устойчива эта связь, подтвердил масштабный метаанализ, проведенный китайскими учеными в 2020 году. Исследователи прочесали четыре крупные базы данных и отобрали все рандомизированные контролируемые исследования, в которых сравнивалось влияние физической активности на когнитивные функции у пожилых людей. В финальную выборку вошли 25 работ, в которых приняли участие люди старше шестидесяти лет без когнитивных нарушений, деменции и подобных диагнозов. Ученых интересовало не общее самочувствие, а конкретные параметры: рабочая память, когнитивная гибкость и способность контролировать импульсы.

Результаты показали, что люди, регулярно занимающиеся спортом — в первую очередь кардиотренировками, но также практиками «тело — разум», вроде тайчи или йоги, — показывают в когнитивных тестах более высокие результаты, чем те, кто не тренируется. Эффект особенно выражен, если занятия продолжаются не менее 13 недель. Исследователи сделали вывод, что физическая активность в пожилом возрасте — действенный инструмент для того, чтобы не просто сохранить когнитивные способности, но и улучшить их.

Но дело не только в долгосрочных и общих эффектах. Некоторым людям спорт помогает думать прямо *в процессе* — например, людям с СДВГ. Двое израильских исследователей проверили, как физическая активность влияет на внимание у людей с синдромом дефицита внимания и гиперактивности. Участники эксперимента дважды проходили стандартизированный тест на внимание — он измеряет, в частности, скорость реакции на звуковые сигналы: звуки разной тональности, произнесенные буквы или слова. В одном случае испытуемые сидели, в другом — шли по беговой дорожке со скоростью пять километров в час. Порядок условий определялся случайно, чтобы исключить искажения. Результаты сравнили с контрольной группой — людьми без СДВГ. И вот что выяснилось. Участники с СДВГ во время ходьбы реагировали значительно быстрее и допускали меньше пропусков, чем сидя. Более того: в движении они показывали результаты, неотличимые от контрольной группы без СДВГ. У контрольной группы все было наоборот — при ходьбе внимание чуть снижалось. На мой взгляд, такие данные ставят вопросы, которые трудно игнорировать, — в первую очередь о том, как устроена школа для детей с СДВГ. Похоже, бесконечное сидение за партой больше всего вредит именно им.

Признаюсь, все это напоминает урок биологии из параллельной вселенной: спорт не только укрепляет мышцы, но и заставляет расти нервные клетки. Однако именно это и происходит. Мозг реагирует на движение масштабной перестройкой. Но как именно?

Начнем с нейрогенеза — образования новых нервных клеток. Долгое время считалось, что этот процесс происходит только у младенцев. Сегодня известно: новые нейроны рождаются на протяжении всей жизни, прежде всего в гиппокампе — центре обучения и памяти. И движение — один из мощнейших пусковых механизмов этого процесса. Ключевую роль здесь играет белок BDNF (Brain-Derived Neurotrophic Factor — нейротрофический фактор мозга).

По сути, это удобрение для нейронов: исследования показывают, что спорт усиливает выброс BDNF, а с ним и способность мозга создавать новые связи.

Второй фактор — кислород. Движение разгоняет кровоток, а значит, мозг получает больше энергии. Больше кислорода — быстрее передача сигналов, яснее мышление. Третий элемент — нейропластичность: способность мозга меняться, выстраивать новые связи, укреплять старые или отбрасывать ненужные — словом, учиться. Всё, что мы переживаем, и даже все, что думаем, перекраивает соединения между нервными клетками. Спорт работает как катализатор этих процессов: интенсивное движение активирует гены, отвечающие за рост синапсов, формирование новых сосудов и гибкость мышления. Если коротко: кто бегает — думает иначе. Кто потеет — учится быстрее. А кто двигается регулярно — меняет собственный мозг. Шаг за шагом. Синапс за синапсом.

Остается главный вопрос: зачем? Почему мы вообще так устроены, что спорт делает нас умнее? Сегодня мы бегаем, крутим педали или выходим на прогулку не для того, чтобы выжить. Кто-то — чтобы прожить дольше. Многие — чтобы оставаться в форме, снять напряжение или просто потому, что на улице лучше, чем в четырех стенах. Но тело — и прежде всего мозг — по-прежнему читает движение по-старому: как сигнал тревоги. Как вызов, перемену, необходимость учиться.

В 2017 году эволюционный биолог Дэвид Райхлен и нейробиолог Джин Александер предложили модель, которая переворачивает привычную логику. Они назвали ее моделью адаптивной емкости. Суть проста: движение не случайно улучшает когнитивные способности. Мозг эволюционно создан именно для этого — чтобы в движении становиться умнее.

В основе модели лежит наблюдение: мозг человека совершил самый мощный эволюционный рывок именно тогда, когда наши предки начали бегать на длинные дистанции. *Homo sapiens* не был спринтером — он был стайером. Бежал через саванны, пробирался по незнакомой местности, искал пищу, воду, укрытие. Но дело было не только в количестве шагов. Жизнь в постоянном движении означала принятие решений, запоминание маршрутов, ориентирование на местности, оценку угроз, координацию действия с другими. Физическая активность всегда была и умственной работой.

Отсюда ключевой тезис модели: движение не просто совпало с когнитивным развитием по времени. Мозг развивался именно потому, что движение требовало непрерывной когнитивной адаптации. Это был эволюционный отбор в чистом виде: выживал тот, кто на бегу учился, прогнозировал, не терял способности реагировать. Райхлен и Александер делают вывод, что мозг запрограммирован воспринимать движение как сигнал: внимание, когнитивная нагрузка возрастает. Кто двигается — тот должен адаптироваться к новой среде, новым задачам, новым угрозам.

Сегодня этот биологический анахронизм работает на нас. Когда мы утром выходим на пробежку, мозг по-прежнему решает, что сейчас придется ориентироваться, планировать, принимать решения. Он наращивает пластичность, выбрасывает нейромедиаторы, запускает сети, которые в покое работали бы вхолостую. Можно сказать так: движение обманывает мозг древнейшей из уловок — а тот охотно поддается.

Сколько спорта нам нужно

Если спорт — такое чудо-средство, естественно возникает вопрос: сколько его нужно, чтобы испытать все эти эффекты? На этот вопрос отвечает Венди Судзуки — профессор нейронаук и психологии Нью-Йоркского университета. Изначально она занималась памятью, но затем сделала то, на что ученые решаются крайне редко: полностью сменила область исследований. Дело в том, что она своими глазами увидела, что спорт делает с мозгом. И была настолько поражена, что решила посвятить этой теме всю дальнейшую карьеру. Она говорит: не нужно бегать марафонов. Достаточно двигаться три–четыре раза в неделю по 30 минут. Суть, по словам Судзуки, в том, чтобы разогнать сердечно-сосудистую систему, а не в том, чтобы выложиться до предела и провести остаток дня на диване с горящими легкими и ватными ногами.

Оптимальная для когнитивных функций интенсивность нагрузки, судя по всему, тесно связана с анаэробным порогом — точкой, за которой нагрузка становится настолько высокой, что организм переключается с кислорода на глюкозу как основной источник энергии. Пока вы тренируетесь ниже этого порога, вы остаетесь в аэробной зоне: обмен веществ стабилен, мозг получает кислород в полном объеме. Именно это поддерживает концентрацию и способность учиться. Аэробная нагрузка требует усилий, но не перегружает: мозгу не приходится параллельно заниматься терморегуляцией, распределением кислорода или борьбой со стрессом. Исследования показывают, что именно такой режим особенно эффективно усиливает кровоснабжение гиппокампа и префронтальной коры.

Вывод: если держать пульс в аэробной зоне, шансы на то, что тренировка положительно скажется на мышлении, заметно возрастают. Загвоздка в том, что порог у каждого свой. Я, например, во время тренировки то и дело поглядываю на смарт-часы — они показывают, в какой я зоне. И да, если пульс уходит слишком высоко, я перехожу с бега на шаг и жду, пока он успокоится. В первый раз было неловко. Во второй — тоже. Но к этому моменту я научился проглатывать гордость. Окружающим, честно говоря, совершенно все равно, бегу я, иду или скачу задом наперед.

Впрочем, то, что движение делает нас умнее, — лишь одна причина заниматься спортом. Есть и другая. Возможно, даже более важная.

Почему спорт помогает при психических расстройствах

У нас с подругой есть дежурная шутка. Каждый раз, когда кто-то из нас не может себя заставить пойти на тренировку, другой произносит: «Еще не было человека, который занимался спортом и потом пожалел об этом». Фраза срабатывает безотказно. Но в последнее время ей приходится говорить ее все реже. Мне удалось то, что не удавалось годами: выстроить спортивную рутину. Три–четыре раза в неделю я двигаюсь. По понедельникам иду в зал с другом, по пятницам — тоже в зал, но один. В остальные дни выхожу на пробежку или плаваю в бассейне.

Я пишу это не ради хвастовства, а потому что и правда горжусь. И потому что понял, насколько важен спорт. Не только для памяти и концентрации. Спорт влияет на уровень стресса и на психическое здоровье. Появляются данные, которые указывают на то, что при депрессии спорт может действовать так же эффективно, как психотерапия, а возможно, и эффективнее. Вдумайтесь: *так же эффективно, как психотерапия, а возможно, и эффективнее*. По оценкам ВОЗ, к 2050 году в Европе можно было бы предотвратить 3,5 миллиона случаев депрессии — если бы люди больше двигались. Вопрос только: почему? И что наука знает о том, как наконец превратить спорт в привычку?

Начнем со стресса. Раньше в книге я уже упоминал ось «гипоталамус — гипофиз — надпочечники» (ГГН-ось). Это каскадная система: при стрессе гипоталамус выбрасывает кортикотропин-рилизинг-гормон; тот через кровь добирается до гипофиза и запускает выброс адренокортикотропного гормона, который, в свою очередь, заставляет кору надпочечников выделять кортизол — гормон стресса. Как мы на это реагируем? Становимся взвинченными и беспокойными.

Это одна из ключевых цепных реакций мозга в ответ на стресс. Группа исследователей из Берлина и Бонна показала, что всего 30 минут кардионагрузки на беговой дорожке повышают концентрацию предсердного натрийуретического пептида (ПНП) — гормона, который вырабатывается в сердце. Чем выше пульс, тем больше ПНП поступает в кровь. А он, судя по всему, способен приглушать всю гормональную цепочку ГГН-оси.

Кстати говоря, о тревоге. Есть данные, что занятия спортом способны смягчать ее симптомы. В одном американском исследовании ученые проверяли, может ли физическая нагрузка помочь людям перестать воспринимать телесные проявления тревоги — учащенное сердцебиение, потливость — как сигнал опасности. 60 человек с повышенной тревожной чувствительностью разделили на три группы. Первая две недели по три раза в неделю по 20 минут занималась на беговой дорожке. Вторая получила ту же нагрузку плюс когнитивный тренинг. Третья — контрольная — не делала ни того, ни другого. Результат: в обеих тренировочных группах тревожная чувствительность снизилась значительно больше, чем в контрольной. Исследователи объясняют это так: физическая активность помогает «переучить» реакцию на телесные симптомы тревоги — а это, в свою очередь, снижает и общий уровень тревожности, и симптомы депрессии.

Другая группа исследователей пошла дальше и задалась вопросом: эффективен ли спорт при клинически диагностированном тревожном расстройстве? Они наблюдали 30 пациенток, которые на период исследования не проходили психотерапию, но принимали медикаменты. Две группы тренировались: одна выполняла силовые упражнения на нижнюю часть тела, другая занималась на велоэргометре. Два раза в неделю, в течение шести недель. А затем ученые измерили, стало ли меньше ключевых для тревожного расстройства симптомов — петель навязчивых мыслей, беспредметной тревоги, фонового беспокойства. Результат: и кардио-, и силовые тренировки ощутимо снизили симптомы по сравнению с контрольной группой. Но влияние силовых на напряжение и раздражительность оказалось чуть более выраженным.

Переходим к главному. Как это часто бывает, самые убедительные ответы дает метаанализ. Вопрос: способен ли спорт облегчить симптомы депрессии? Ответ, который дает свежий метаанализ Потсдамского университета: почти наверняка да. Ученые обобщили 41 исследование, в котором приняли участие 2000 человек, и пришли к выводу: спорт оказывает умеренный или выраженный терапевтический эффект на депрессивную симптоматику. Сопоставимый с действием антидепрессантов или психотерапии. Их формулировка такова: физическую активность следует предлагать как доказательный метод лечения. Австралийские ученые в своей обзорной работе идут еще дальше: по их данным, физическая активность может быть до полутора раз эффективнее медикаментов или психотерапии. Авторы исследования делают вывод, что физическая активность должна стать одной из ключевых мер при лечении депрессии, тревожных расстройств и других психических проблем.

И вот почему это так важно: практика до сих пор не догнала науку. Отчасти потому, что фраза «Тебе простонапросто нужно заняться спортом» слишком долго звучала как обесценивание, а не как помощь. Отчасти потому, что официальные клинические рекомендации по лечению депрессии до сих пор признают спорт лишь вспомогательной мерой, но не полноценным самостоятельным методом лечения.

Но почему спорт вообще помогает при психических расстройствах? Окончательного ответа пока нет. Но есть гипотезы. И одна из них снова касается нейропластичности. Суть в следующем: при депрессии и тревожных расстройствах пластичность мозга снижена. Мозг становится менее гибким. Одна из возможных причин — дефицит уже знакомого нам белка BDNF. Спорт повышает его выработку, а вместе с ней — способность мозга перестраиваться и учиться заново. Для людей с тревожным расстройством это особенно важно: чтобы перестать воспринимать обычные вещи как угрозу, нужно *отучиться* от усвоенных паттернов. А чтобы это сделать, и нужна пластичность.

В депрессии жизнь часто ощущается серой и будто бы застывает. Человек замыкается, погружается в мрачные размышления, гоняя мысли по кругу. Это чувство стагнации отражается в мозге — прежде всего в гиппокампе, который отвечает за то, чтобы осмыслять переживания, сохранять новый опыт и придавать ему эмоциональную окраску. У людей с депрессией гиппокамп нередко измеримо уменьшен. И именно здесь замыкается круг: гиппокамп — та самая область, где рождаются новые нейроны. Исследования показывают, что регулярная физическая нагрузка способна запустить этот процесс заново. Когда в гиппокампе появляются новые клетки, мозг возвращает себе гибкость. Человек становится восприимчивее к новому опыту, легче перерабатывает мысли, иначе оценивает чувства.

Как убедить мозг тренироваться

Теперь вы понимаете, почему я назвал спорт чудо-средством. Проблема в том, что люди с психическими расстройствами двигаются меньше всех. Даже у онкологических пациентов и людей с сердечно-сосудистыми заболеваниями физическая активность выше. Но есть способы это изменить. Приемы, о которых пойдет речь, подкреплены исследованиями — и адресованы всем, а не только людям с диагнозами. Начну с того, что больше всего помогло лично мне.

Во-первых, регулярность. Если вы хотите начать бегать, не нужно сразу выходить на 10 километров четыре раза в неделю. Для начала достаточно просто выйти и побегать — три–четыре раза в неделю. Неважно, сколько вы пробежите. Пусть это будет один километр. Пусть бег чередуется с ходьбой. Главное — чтобы тело привыкло, что его вынуждают двигаться регулярно.

Во-вторых, цели и план. Конкретный план с достижимыми целями помогает удерживать режим долгое время. Регулярные структурированные тренировки — кардио, силовые — особенно эффективны.

В-третьих, социальная поддержка. Привлеките друга, подругу, семью — найдите того, с кем будете тренироваться. Вступите в спортивную группу: это поддерживает мотивацию и помогает не бросить. С тех пор как мы с другом записались на полумарафон, мы чуть ли не каждый день шлем друг другу ролики про бег. Это — и совместные тренировки — невероятно мотивирует.

В-четвертых, разнообразие. Чередуйте виды нагрузки — интервальную, аэробную, силовую. Однообразие убивает мотивацию, а новизна, наоборот, подпитывает. Когда летом 2024-го я проводил отпуск в трекинг-туре, однажды мы просто взяли ракетки и пошли играть в теннис. Свежий воздух плюс вид спорта, которым я не занимался много лет, — сочетание оказалось идеальным.

В-пятых, постепенность. Понемногу наращивайте интенсивность и продолжительность тренировок. Маленькие шаги помогают избежать травм — и незаметно встроить спорт в повседневную жизнь.

И в-шестых, поощрение. Празднуйте каждый маленький рубеж. Вознаграждение и ощущение «я это сделал» помогают не сбиться с ритма — даже после простуды, отпуска или просто тяжелой недели.

Я убежден: каждую тренировку стоит отмечать как маленькую победу. И все-таки заставить себя выйти из дома бывает невероятно трудно. Внутренний лентяй изобретателен. Даже если вы знаете все правильные методы, даже если рутина выстроена — для многих барьер остается слишком высоким. Почему? Не хватает силы воли? Чтобы ответить на этот вопрос, нужно сначала разобраться, что такое сила воли. Потому что, как выясняется, сила воли на удивление часто с волей совсем не связана.

От чего зависит самоконтроль

Перенесемся ненадолго к началу книги. Вместо того чтобы бродить по своим сновидениям, в три часа ночи вы обнаруживаете у кровати маленьких зеленых пришельцев. Они будят вас и забирают на космический корабль, где оборудована ультрасовременная нейрохирургическая операционная. Вы лежите на столе, а инопланетяне решают, какой эксперимент провести над вами, прежде чем вернуть на Землю. Вариантов два. Первый: они перестраивают мозг так, что вы навсегда лишаетесь всех импульсов, влечений, желаний и эмоций. Второй: они остаются на месте — но исчезает способность их контролировать.

Выбор, мягко говоря, непростой. Настолько, что зеленые человечки великодушно предоставляют его вам. Вот так. Что бы вы решили? Отказаться от эмоций и импульсов — или от способности их контролировать? Вы бы попытались сбежать, разумеется. Но корабль висит в километрах над Землей, деваться некуда. Итак: что важнее? Мой выбор после короткого раздумья был бы однозначен: к черту самоконтроль. Последствия, конечно, катастрофические — я бы регулярно ставил себя в неловкое положение. Но кем бы я был без эмоций? Остался бы я собой?

Вряд ли. Откуда бы я знал, чего хочу? На чем строил бы решения? Эмоции побеждают самоконтроль.

Но стоп. Прежде чем приступить к операции, пришельцы вдруг довели до ума свою новейшую технологию (мало нам было проблем). Теперь они могут перестроить не только ваш мозг, но и мозги жителей целого города — пока те спят. Впрочем, вам повезло: пришельцы решают оставить вам и эмоции, и самоконтроль. Почему — непонятно. Пришельцы есть пришельцы.

Но перед возвращением на Землю — еще один выбор, посложнее. Что должны потерять все жители вашего города: эмоции и импульсы — или способность их сдерживать? Что бы вы ни выбрали, последствия затронут каждого. Вы вернетесь либо в город, где люди живут на чистых эмоциях, без тормозов, — либо в город, где все безупречно спокойны и контролируют себя. Мой выбор снова был бы однозначным — но ровно противоположным. Жить в городе, где люди крушат мебель, когда злятся, или толкают начальницу локтем за то, что она перенесла совещание? Нет, спасибо. Это примерно как поселиться навсегда в пивном шатре на Октоберфесте. Не хочется.

Довольно инопланетных мысленных экспериментов. Оба сценария придумал Мэттью Либерман — американский социальный психолог и нейроученый, один из основателей социальной нейронауки. По его мнению, история с пришельцами обнажает важную асимметрию: самоконтроль в других мне важнее, чем в самом себе. И наоборот: окружающим гораздо важнее, чтобы я держал свои эмоции в узде, чем чтобы они контролировали собственные. От моего самоконтроля выигрывают прежде всего они.

Что такое эмоции и импульсы — вопрос сложный. Способность к самоконтролю определить проще: по сути, это конфликт между главной целью и сиюминутной. На практике — борьба двух версий вас самих. Человек-сейчас хочет немедленно. Человек-потом встает на весы и злится на себя за то, что каждый день съедал мороженое. Самоконтроль — как подсказывает само слово — вроде бы относится к нам самим. К нашей способности подавить желание ради большей цели. В западной культуре мы одержимы целями и убеждены: если мы чего-то добились — это наша заслуга. Мы верим, что контролируем свои решения.

Ну вот, вы же сами решили читать эту книгу, правда? Я не собираюсь этого отрицать. Хотя… отчасти собираюсь. Потому что то, как мы решаем и как себя ведем, пугающе часто не зависит от нас.

Покажу, что я имею в виду. Представьте офисную кухню. Рядом с кофемашиной — коробка для «честной оплаты»: на стене — прейскурант, в коробку нужно бросить деньги за каждый напиток. Вы в комнате один, никто не увидит, если вы недоплатите. Всегда ли вы заплатите полную цену? А теперь другой вопрос: изменится ли что-нибудь, если над кофемашиной повесить плакат — просто пару больших глаз, которые смотрят прямо на вас? Никакой камеры, никакого текста, никакого предупреждения. Только молчаливый взгляд с фотографии.

Именно такой эксперимент поставили исследователи поведения Мелисса Бейтсон, Дэниел Неттл и Гилберт Робертс из Ньюкаслского университета: повесили такой плакат над кофемашиной в собственном офисе и стали наблюдать. Результат: добровольные взносы в кофейную кассу утроились по сравнению с неделями, когда над кассой висела картинка с букетом цветов. Больше ничего не изменилось — ни новых камер, ни предупреждений, ни угрозы штрафа. Только ощущение, что за тобой наблюдают.

Исследователи заключили, что даже символического намека на чужой взгляд — пары нарисованных глаз — достаточно, чтобы заметно изменить поведение. Наша мораль зависит не только от внутренних ценностей, не только от нас самих, но и от ощущения, что мы не одни.

Еще один эксперимент — на этот раз с детьми. Хеллоуин, дети ходят от дома к дому за сладостями. У одного из домов хозяин открывает дверь, но говорит, что ему нужно вернуться к делам: угощайтесь сами, коробка вон там. Единственное условие — каждый берет только одну штуку. Соблазн, разумеется, огромный: хозяин не видит, сколько вы взяли. Дети не подозревали, что за ними наблюдают. Результат: 46% детей от девяти до двенадцати лет и 72% тех, кому больше тринадцати, взяли больше одной сладости. Безобразие! Но картина радикально менялась, если за коробкой стояло зеркало. Увидев собственное отражение, больше одной штуки брали менее 10%. Зеркало делало нарушение нормы примерно в пять раз менее вероятным.

Мэттью Либерман в книге «Социальный вид: Почему мы нуждаемся друг в друге» формулирует это так: достаточно увидеть себя глазами другого — увидеть свою внешность, свой облик, — чтобы включился самоконтроль и отступили асоциальные импульсы. Мы подстраиваемся под ожидания общества, даже когда общество — это пара глаз на плакате.

Самоконтроль зависит не только от нас — внешние обстоятельства тоже влияют на наши решения и на то, каким импульсам мы поддаемся. В одном из самых знаменитых экспериментов в истории психологии это долгое время не принималось в расчет. Возможно, вы о нем слышали: эксперимент с маршмеллоу американского психолога Уолтера Мишела. Схема проста. Ребенка приводили в комнату.

Клали перед ним маршмеллоу и обещали: если продержишься 15 минут и не съешь его — получишь второй. После чего взрослые выходили. Лишь около 30% детей дожидались и получали награду — то есть отказывались от немедленного удовольствия ради большего позже. Остальные съедали маршмеллоу до возвращения экспериментатора. Но этот результат, по сути, был не главным.

Знаменитым эксперимент стал не из-за цифр, а из-за их интерпретации: долгое время считалось, что этот простой тест на самоконтроль у детей способен предсказать будущий интеллект и жизненный успех. Дети, которые дожидались второго маршмеллоу, действительно оказывались успешнее во взрослом возрасте. Но справедливости ради: уже в первой работе Мишел оговаривался, что на бóльшей выборке корреляция может ослабнуть. И что результат не означает причинно-следственную связь: научить ребенка терпению — еще не значит сделать его успешнее. В 2015 году Мишел сказал в интервью: представление, будто по одной-единственной детали — сколько ребенок продержался и не съел маршмеллоу — можно предсказать его будущее, — это чепуха.

Именно это подтвердил психолог Тайлер Уоттс из Нью-Йоркского университета, когда воспроизвел эксперимент. Уоттс и его команда предусмотрительно учли то, что первоначально осталось за кадром: ситуацию в семье, домашнюю обстановку и поведение более чем 900 детей. Результат оказался отрезвляющим: дети из обеспеченных семей справлялись с ожиданием значительно лучше, чем дети из бедных.

Значит, дети из бедных семей просто научились хватать, пока дают? Брать что есть, пока не отняли? Даже если и так, это лишь часть картины. Вторая часть — стресс. Бедность — это стресс. И не только на интуитивном уровне: нейронаука это подтверждает. Мы уже видели, как многообразно стресс перестраивает мозг. Одно из последствий — ухудшение работы префронтальной коры. А ведь именно она, по всей видимости, отвечает за контроль эмоциональных реакций на стресс. Она же играет ключевую роль в обучении и памяти. И — это особенно важно в нашем контексте — именно она активируется, когда мы подавляем сиюминутные желания ради более далекой цели. Стресс ослабляет эту функцию. А значит, может подрывать и самоконтроль.

Есть и еще один фактор. Метаанализ 2019 года, охвативший более 30 000 близнецов, показал: способность к самоконтролю и сила воли отчасти заложены генетически. Насколько ребенок способен устоять перед соблазном и насколько волевым он вырастет — вопрос не только личной дисциплины. Среда, семья, уровень стресса — все это играет не меньшую роль.

Из всего этого следует вывод: да, вы сами решили читать эту книгу. Но к этому решению привели разные процессы, о которых вы даже не подозревали. И все-таки странно было бы утверждать, что самоконтроль и принятие решений целиком зависят от внешних обстоятельств. Это не так. Кое-что по-прежнему в ваших руках.

Можно ли натренировать силу воли

Вы входите в комнату, и вас окутывает невероятный запах свежей выпечки. На столе — две тарелки. На одной — еще теплое печенье, только из духовки. Ну, вы знаете: с шоколадной крошкой и орехами. А рядом — тарелка с… редиской. И тут вам говорят: редиску — ешьте, пожалуйста. Печенье — ни в коем случае.

Второй группе разрешили угощаться печеньем. А затем, когда обе тарелки опустели, всем предложили головоломку. Нужно было нарисовать определенные геометрические фигуры, не отрывая карандаша от бумаги и не проводя ни одну линию дважды. Попробуйте, например, так нарисовать куб. Не получится — задача неразрешима. Но настоящий вопрос был не в том, кто лучше ест редиску и кто лучше рисует фигуры. Речь шла о силе воли. Исследователей интересовало, как долго «редисочная» группа будет биться над невозможной задачей по сравнению с теми, кому досталось печенье.

Можно было бы предположить, что «редисочная» группа продержалась дольше — все-таки витамины. Но нет. Те, кому досталось печенье, продержались более чем вдвое дольше и предприняли почти вдвое больше попыток, чем те, кому пришлось довольствоваться редиской. Исследователи объясняют это так: сопротивление печенью израсходовало бóльшую часть волевого ресурса. Выходит, сила воли — вроде аккумулятора смартфона: чем больше энергии мы тратим на сопротивление, тем меньше остается на все остальное. «Редисочная» группа подходила к головоломке уже на разряженной батарейке. «Группа печенья» — с полным зарядом.

Впервые я прочитал об этом эксперименте в статье моей коллеги Терезы Бойерляйн для *Krautreporter* — я тогда был ее редактором. Тереза подробно разбирала связь между сахаром и силой воли, а заодно — от чего еще зависит волевой ресурс и можно ли его натренировать.

После публикации результатов эксперимента в конце 1990-х ученые изменили точку зрения на силу воли. До этого она считалась чертой характера: либо есть, либо нет. Но теперь выходило, что на нее можно влиять. Внимание быстро сосредоточилось на сахаре. Мозг, как мы уже знаем, потребляет его в огромных количествах. Любая энергозатратная задача — волевое усилие, сосредоточенная работа, жаркий спор — физически изматывает и роняет уровень глюкозы в крови.

Одно исследование 2011 года показалось мне особенно изобретательным. Участники выполняли задания на самоконтроль — например, тест Струпа. Если вы с ним не сталкивались, поясню: на экране появляются слова — названия цветов, но напечатаны они другим цветом — скажем, слово «синий» красным шрифтом. Задача — назвать цвет шрифта, а не прочитать слово. Мозг спотыкается: время реакции растет, ошибок становится больше. После этого изматывающего задания одна группа получила напиток с сахаром, другая — такой же сладкий на вкус, но без сахара, плацебо. Затем обе группы получили новую серию задач, требующих пристального контроля над мышлением. Те, кто выпил сахар, справились заметно лучше. Глюкоза подкрепила способность к когнитивному контролю — а это один из надежных индикаторов силы воли.

Тереза обнаружила еще один фактор, влияющий на силу воли, — и, признаюсь, он застал меня врасплох. Но обо всем по порядку; сначала, как водится, эксперимент. Одна группа участников получила простое задание: вычеркивать все буквы «е» в тексте. Другая — задание куда сложнее, требовавшее максимальной концентрации и точности. Затем всем предложили новые задачи. И вот что поразительно. Если первое задание было легким, со вторым участники справлялись хорошо. Если первое было трудным — ошибок во втором становилось значительно больше. Но — и здесь начинается самое интересное — только у тех, кто был убежден, что сила воли ограниченна. Участники, которые в это не верили, справлялись одинаково хорошо с обоими заданиями.

Выходит, сила воли все-таки не аккумулятор смартфона. Она зависит и от внешних факторов — вроде сахара, — и от внутренних убеждений. Кэрол Дуэк, профессор психологии Стэнфордского университета* и автор этого исследования, формулирует это так: сила воли — ресурс ограниченный, но только если вы верите, что он ограничен. Из этого вытекает и практический метод, который Дуэк подтвердила экспериментально. Ее тезис: любого человека можно подвести к мысли, что его волевой ресурс не так уж конечен. Чтобы это проверить, участникам перед сложным когнитивным заданием давали прочитать утверждения вроде такого: «Иногда работа над трудной умственной задачей заряжает энергией для следующих».

Затем всем давали сладкий напиток — на этот раз с настоящим сахаром. Результат: те, кто считал силу воли ресурсом ограниченным и быстро иссякающим, действительно получили от глюкозы прибавку — концентрация и самоконтроль улучшились. А вот те, кто верил, что сила воли не расходуется так просто, никакой дополнительной пользы от сахара не ощутили. Они и без подпитки справлялись на прежнем уровне. В статье в *The New York Times* Дуэк объясняет это так: люди, убежденные, что волевой ресурс не так уж конечен, могут чувствовать усталость — но воспринимают ее не как сигнал сдаться, а как сигнал копнуть глубже и собраться. Сила воли, выходит, определяется не только биологией, но и психологией.

---

* Минюст признал Стэнфордский университет нежелательной организацией на территории России.

Как пишет Тереза, в новейших исследованиях силы воли раз за разом всплывает одна и та же структура мозга: передняя средняя поясная кора, она же ПСПК, — область между полушариями, в передней части мозга.

Небольшое отступление: мозг, как вы наверняка знаете, состоит из двух полушарий — левого и правого, — соединенных толстым пучком нервных волокон, мозолистым телом. Полушария работают в связке, но отчасти специализируются: левое больше задействовано в речи, логике и анализе, правое — в пространственном мышлении, интуиции и творчестве. Впрочем, разделение это функциональное, не абсолютное: почти любая сложная задача требует участия обеих сторон.

Так вот, ПСПК играет ключевую роль в процессе под названием аллостаз — так называется способ, которым мозг управляет энергетическим бюджетом тела, помогая нам гибко приспосабливаться к меняющимся обстоятельствам. По мнению уже знакомой нам Лизы Фельдман Барретт, именно аллостаз, а не мышление, — главная задача мозга. Для аллостаза мозг непрерывно собирает данные: отслеживает внешние условия и внутреннее состояние тела, сопоставляет их с накопленным опытом и на этой основе предсказывает, какая реакция будет оптимальной для выживания. А затем запускает ее заранее — еще до того, как что-либо произошло. Это называется предиктивной регуляцией. Пример: вас преследуют. Мозг мгновенно сверяет ситуацию с опытом и рассчитывает, какая телесная реакция даст наибольшие шансы на выживание. Энергия молниеносно перераспределяется в зоны, отвечающие за бегство или борьбу, — еще до того, как вы на самом деле срываетесь с места или вступаете в схватку.

Для этих расчетов ПСПК тесно связана с префронтальной корой, инсулой и гипоталамусом. Вместе они регулируют сердцебиение, дыхание, пищеварение — в зависимости от ситуации и ожиданий. Причем не только в моменты угрозы, а постоянно. Как пишет Тереза, именно поэтому ПСПК так важна для силы воли — она обеспечивает энергию для достижения целей, будь то марафон, сложная математическая задача или горстка конфет, мимо которой нужно пройти не останавливаясь.

А теперь — главное. Обзорное исследование 2020 года содержит вывод о том, что люди с более развитой структурой и функцией ПСПК отличаются бóльшей стойкостью и выносливостью в жизни. Прежде чем вы отмахнетесь — «Замечательно, но откуда мне знать, что там с моей ПСПК? И какой мне от этого толк?» — скажу вот еще что. Есть основания полагать, что ПСПК можно тренировать. Звучит странно, но вспомните: мозг перестраивается непрерывно, с каждым нашим действием. Мы говорили об этом не раз. Вопрос лишь в том, как именно.

Подсказку дают трое китайских ученых — и их эксперимент напоминает почти социологический детектив. В Китае у части населения встречается генетически обусловленная непереносимость алкоголя: организм реагирует на спиртное резкой физической защитной реакцией. Исследователи использовали это как естественные условия для эксперимента. Мужчины, которым непереносимость не позволяла пить в компании — а значит, им приходилось раз за разом отказываться от спиртного, проявляя самоконтроль, — со временем лучше начинали справляться с импульсами и в совершенно иных ситуациях. Например, в игровых заданиях, где нужно было отказаться от быстрого выигрыша ради отложенного. Получается, что регулярная вынужденная тренировка самоконтроля — даже неосознанная — переносится на другие сферы жизни.

Томографию мозга участникам этого эксперимента не делали. Но другие исследования подтверждают, что здесь работает нейробиологический механизм. ПСПК, судя по всему, увеличивается в объеме, когда мы делаем то, что нам не нравится и дается с трудом. Чтобы натренировать силу воли, нужно, как ни парадоксально, делать то, что требует силы воли. Вспомните об этом, когда в следующий раз нужно будет встать пораньше, удержаться от дополнительной порции еды или заставить себя выйти на пробежку. Это не просто полезно здесь и сейчас — каждое такое усилие, возможно, делает следующее чуть легче.

Что объединяет дисциплинированных людей

Гены, происхождение, доход родителей, случайное зеркало на стене, непереносимость алкоголя — наш самоконтроль и дисциплина зависят от множества факторов. В том числе от размеров ПСПК. Но есть еще кое-что, о чем стоит упомянуть. Лично меня эти данные успокаивают — особенно в моменты, когда я в очередной раз задаюсь вопросом: почему одним так легко идти к цели, а другим — нет? Почему кто-то в выходные выходит на пробежку каждое утро, а кто-то (не будем показывать пальцем) с трудом преодолевает расстояние от кровати до дивана?

Первое: людям с развитым самоконтролем нравится то, от чего другие страдают. Здоровая еда, многочасовая подготовка к экзамену, спортзал, отказ от алкоголя — для них это не пытка, а вполне себе удовольствие. Неудивительно, что им проще. Для них все это зачастую вообще не вопрос воли.

Второе: люди с развитым самоконтролем, как правило, имеют хорошие привычки. Регулярные тренировки, стабильный сон, множество рутинных процедур. Они реже оказываются в ситуации мучительного выбора — потому что автоматизировали поведение, привычки и даже отношение к соблазнам так, что дисциплина ощущается ими не как жертва, а как нечто само собой разумеющееся. Это подтвердили шесть исследований с участием более 2000 человек. Поставить будильник на другой конец комнаты, чтобы точно встать утром, — это не самоконтроль. Это планирование и рутина.

Третье: у людей с развитым самоконтролем слабее сами импульсы. Кто-то от природы больше хочет есть, кто-то неравнодушен к азартным играм, а кому-то просто не нравится шоколад. Сила желаний у всех разная, и кому-то в этом смысле просто повезло с генами.

Поход в спортзал после работы окупается многократно: концентрация, внимание, память, психическое здоровье — все это получает подпитку. А заодно и сила воли — по крайней мере, если дорога до зала стоит вам хоть каких-то усилий. Тренировка пошла на пользу: в руках приятно гудят мышцы после тяги, ноги чувствуют педали велотренажера. Вы выходите из душа, застегиваете куртку — ветер сегодня пробирает. Но домой пока рано. Вы договорились с лучшим другом выпить по кружечке пива в любимой пивной. И ждали этого всю неделю.

20:00

НАКОНЕЦ-ТО: ПИВО С ЛУЧШИМ ДРУГОМ

Есть ли у мозга чувство юмора

Вы немного опоздали — вваливаетесь в пивную на 10 минут позже условленного часа. Ваш лучший друг как-то назвал это место «честным». Ни диванов, какие теперь расставляют в модных барах, ни затейливых коктейлей по 14 евро, ни арахиса в дизайнерских плошках. Пиво из собственной пивоварни — маленькая или большая кружка. Для голодных — сосиска. Курить можно, но вы не курите.

Друг уже сидит за столиком в углу. Вы обнимаетесь, перед вами — большое пиво, которое он заказал заранее. Чокнулись, сделали по хорошему глотку — и вот вы уже поглощены разговором. Вам никогда не нужно раскачиваться.

«Сегодня только шесть», — говорит он. Это значит: шесть новостей, которые раньше заставили бы его прилипнуть к телевизору, чтобы не пропустить развитие событий. «Сейчас повсюду кризис и всё плохо», — как-то сказал он. С тех пор вы считаете катастрофы.

«Только юмор и спасает», — говорит он. Вы снова чокаетесь. Он спрашивает, видели ли вы новую программу Тилля

Райнерса. Ему она очень понравилась. Вы еще не смотрели, но собираетесь. Вы всегда смеялись над одними и теми же шутками. Это неотъемлемая часть вашей дружбы — а она длится уже не первый год.

Почему так? Почему мы с друзьями смеемся над одним и тем же? Ведь могло бы быть иначе: прекрасные отношения, полное взаимопонимание — и при этом совершенно разный юмор. Такое бывает, но крайне редко. Как правило, дружба и юмор идут рука об руку. И этому есть объяснение.

Американский нейропсихолог Роберт Провайн 10 лет наблюдал за повседневной жизнью людей и обнаружил любопытные закономерности. Женщины смеются до 126% чаще мужчин. С возрастом женщины смеются реже (у мужчин такой тенденции нет). А чаще всего люди смеются в послеобеденное время.

Наше тело ведет себя довольно странно, когда мы смеемся. Если вдуматься — очень странно. Неконтролируемые звуки, иногда подозрительно похожие на те, что издают животные, багровое лицо, невозможность вдохнуть. И вот вы уже смеетесь не над шуткой, а над тем, как кто-то другой смеется над шуткой. Смеются, кстати говоря, не только люди. Приматы смеются. Даже крысы смеются. И где бы ни раздавался смех, триггеры одни и те же: щекотка, игра — и почти всегда социальное взаимодействие. В чьем-то обществе вероятность рассмеяться возрастает в 30 раз. Так что почти жаль, что вы, скорее всего, читаете эту книгу в одиночестве.

Но смех и юмор не одно и то же. У смеха есть преимущество: его видно. Это телесная реакция. А юмор? Сколько у вас единиц юмора — одна, три? Его не измеришь. Зато наука о смехе (официально — гелотология) помогает в этом разобраться. Когда людей спрашивают, что им важно в партнере, юмор неизменно занимает место наверху списка. Мы ссоримся с коллегой, потому что тот не нашел ничего плохого в выступлении Дитера Нура. Или — что еще хуже — потому что он хохочет над Марио Бартом! Мы хвалим других коллег (да, чаще мужчин — об этом чуть позже) за отличное чувство юмора. А когда отправляем другу видео, которое кажется нам невероятно смешным, и получаем в ответ лишь вялую улыбку, нас это задевает.

Вместе с тем мы поразительно мало знаем о том, почему одна шутка кажется нам смешной, а другая — до обидного несмешной. Любая дискуссия на эту тему заканчивается одинаково: юмор — дело вкуса, и все тут. Если бы мы понимали, как устроены смех и юмор, это сберегло бы массу нервов. Юмор не просто приятный бонус. Это социальный клей: внутренние шутки сплачивают группы. Это ледокол: он ломает неловкость. И он подчиняется правилам, которые можно освоить. Возможно, к концу этой главы вы станете острить на пару процентных пунктов смешнее. Потому что нейронаука, разумеется, не обошла стороной вопрос: почему мы смеемся над некоторыми вещами и совсем не смеемся над другими?

Юмор — это способ обращения с противоречием. С конфликтом. Я сейчас не о ситуации на Ближнем Востоке. Когда я как-то брал интервью у комика Тилля Райнерса, он сформулировал это так: «Я рассказываю о конфликте и предлагаю решение. Решение — смех. Решение — юмор. Конфликт превращается в гармонию. Что может быть лучше в кризисные времена? Но связь с залом — это ключ. Если шутки не попадают в цель, остается голый конфликт, без всякой гармонии».

Но нейронауку интересуют конфликты масштабом поменьше — те, что разворачиваются внутри мозга. Мы уже говорили о том, что мозг непрерывно строит предположения: что произойдет в следующую секунду, как поведет себя собеседник, что нам делать дальше.

Простой пример: «Я предпочитаю есть суп большим велосипедом».

С каждым словом этой фразы мозг просчитывает, что будет дальше. Вы съели в жизни достаточно супов и прекрасно знаете, как устроен процесс. Поэтому к концу фразы вы почти уверены: сейчас будет «ложкой». А тут вдруг возникает велосипед. Мозг выдает сигнал ошибки. И вот вам, пожалуйста, конфликт. Или, проще говоря, обманутое ожидание. Или ошибка предсказания. Или, если хочется по-научному, — *инконгруэнтность*. Звучит угрожающе, но, как мы уже знаем, на деле это награда. Мозг выбрасывает дофамин каждый раз, когда одна из тысяч ежедневных мини-гипотез оказывается неверной. Тот же механизм, который работает во время секса или поедания шоколада. Удивление — одна из самых мощных положительных эмоций, которые мы можем пережить.

Но удивление — еще не смех. Обманутое ожидание становится смешным только тогда, когда оно сталкивает два «скрипта», которые в обычной жизни не пересекаются. Это я понял, прочитав книгу американского когнитивиста Скотта Уимса с говорящим названием «Ха-ха! Наука смеха: когда и почему мы смеемся» (Ha! The Science of When We Laugh and Why).

Скрипты похожи на шаблоны: абстрактные воспоминания о том, что обычно происходит в привычных ситуациях. Уимс объясняет на примере. Представьте кинематографическое клише — сцену ограбления из фильма: темный дом, грабитель возится с замком, кого-то будят посреди ночи. Все это хранится в памяти как единый сценарий. А теперь шутка: «На днях я выгнал грабителя, одетого в мою пижаму. Понятия не имею, почему он был в моей пижаме».

В памяти есть скрипт «грабитель» и скрипт «пижама». Но обычно пижама принадлежит хозяину дома, а не взломщику. Шутка сталкивает два скрипта — и мы видим мир под углом, которого раньше не было: грабитель — в пижаме? Этот новый ракурс Уимс называет «разрешением»: из конфликта в голове рождается неожиданный образ.

Кстати говоря, мы настолько хорошо интуитивно понимаем, как устроен юмор, что у нас есть ожидания даже от структуры шуток. Когда эти ожидания не совпадают с реальностью — это тоже может быть смешно. Раввин, священник и монах заходят в бар. Бармен: «Это что, шутка?»

Американский психолог Питер Деркс вывел формулу, объясняющую, почему одно нам кажется смешным, а другое не кажется:

Юмор = Салиентность (Признак + Состояние) ×
Инконгруэнтность + Разрешение

Звучит пугающе, но, если разобрать по частям, всё просто. Правую часть формулы мы только что разъяснили: мы смеемся, когда нас удивляет противоречие (инконгруэнтность) и когда оно разрешается, — то есть мы видим неожиданный, но логичный поворот, который сводит все воедино. Вместе эти два элемента сталкивают скрипты, которые в обычной жизни не пересекаются.

Левая часть формулы касается не шутки, а нас самих. Салиентность характеризует, насколько шутка вообще привлекает наше внимание, выделяется на общем фоне. Воспринимаем ли мы ее как шутку? Это зависит от наших «признаков» и «состояний». Признаки относительно постоянны: рост 182, белый, мужчина, фанат баскетбола. Состояние — величина переменная: сегодня утром я проснулся разбитым после отвратительной ночи. К счастью, так происходит не каждый день — иначе состояние превратилось бы уже в признак (лучше до такого не доводить).

Но дело не только в признаках и состояниях. Важно и наше отношение к теме шутки, и то, в каком мы вообще настроении. Если начальник только что не отпустил вас в отпуск, смешного в мире нет примерно ничего. В науке все это вместе называют референтными рамками.

Уимс объясняет: если референтные рамки совпадают, вероятность рассмеяться над одной и той же шуткой резко возрастает. Если рамки разные — начинаются расхождения. Одни хохочут над комиком Марио Бартом, другие недоумевают, что в нем смешного. И то и другое — не каприз, а отражение того, откуда мы, что для нас важно и какой опыт у нас за плечами.

Теорий о том, зачем вообще существует юмор, — множество. Объять их все невозможно. Но три настолько известны, что не упомянуть о них было бы просто неприлично.

Первая — *теория превосходства*, восходящая к Аристотелю. Она подчеркивает темную сторону юмора: мы смеемся, когда чувствуем себя выше другого. Когда комик рассказывает о своей бывшей и зал хохочет — часто зрители рады, что сами они не находятся в этой неловкой ситуации. Они *над* ней. Тот же механизм — в классической комедии: кто-то поскальзывается на банановой кожуре или врезается в стеклянную дверь — и мы смеемся, потому что это случилось не с нами. Секундное облегчение: «Хорошо, что это не я!»

По тому же принципу работают шутки над людьми, наделенными властью. Учитель попал в неловкое положение. Политик запутался в собственных словах. Мы смеемся, потому что тот, кто обычно «над нами», на мгновение оказывается ниже. Мы наслаждаемся этой инверсией — она дает ощущение превосходства, пусть и мимолетное. Сюда же относится злорадство: когда человек, которого мы считаем высокомерным, терпит неудачу, мы воспринимаем это как справедливость — и смеемся. Не самая красивая, но вполне человеческая сторона нашей натуры.

Вторая — *теория разрядки*, идущая от Фрейда. По его мнению, юмор снимает психологическое напряжение и высвобождает подавленное: смех обнажает то, что мы не решаемся признать. Поэтому мы смеемся над авторитетами вроде Трампа — втайне нам хотелось бы их низвергнуть.

Третья — *теория инконгруэнтности*, известная еще со времен Цицерона. Ее суть: мы смеемся, когда неожиданно смотрим на ситуацию с другой, обычно более приземленной точки зрения и видим ее в новом ракурсе. Под эту теорию подпадают, по сути, все шутки, которые я привел в этой главе. Она же — наиболее распространенная в современных исследованиях.

Но со времен Аристотеля и Цицерона прошло немало веков, и ученые продолжают выдвигать новые гипотезы. Когнитивист Мэттью Хёрли, психолог Реджинальд Адамс и философ Дэниел Деннет предложили модель, которая трактует юмор как своего рода детектор ошибок. Предполагается, что мы смеемся, когда мозг разоблачает собственное бессознательное допущение — и успевает сделать это вовремя. В шутке это работает так: мысль движется в одном направлении, контекст вдруг переворачивается, и мы понимаем, что думали не в том направлении.

Именно в этот момент мозг устраивает маленький дофаминовый фейерверк. Хёрли называет это когнитивным контролем безопасности — внутренней системой, которая вознаграждает нас за то, что мы поймали себя на ошибке.

Это подтверждают и данные фМРТ: юмористические стимулы активируют дофаминергическую систему вознаграждения — в первую очередь уже знакомое нам прилежащее ядро. В одном из самых известных экспериментов участникам, которые лежали в томографе, показывали карикатуры. Чем смешнее казалась карикатура, тем мощнее активировались зоны, отвечающие за выброс дофамина.

Но юмор — это не только когнитивная игра. Это еще и социальный клей. Эволюционный биолог Гленн Вайсфельд выдвинул гипотезу о том, что юмор изначально возник как инструмент для распознавания «своих» и укрепления связей внутри группы. Шутка, по сути, работает как тест на совместимость: тот, кто ее понял, разделяет наши ценности и наш взгляд на мир. Смех превращается в сигнал: мы вместе. Этим объясняется и то, почему юмор так часто строится на высмеивании кого-то третьего: «мы» работает только в паре с «они».

Объяснений, почему нам смешно, — множество, но не существует единой теории юмора, которая охватывала бы все случаи. Мы, например, еще не говорили о напряжении. Мы смеемся и тогда, когда накопленное напряжение наконец снимается. Это мы понимаем интуитивно — настолько хорошо, что, когда напряжение не находит выхода, нам становится физически не по себе.

Лучший пример — Ханна Гэдсби. Австралийская женщина-комик, лесбиянка, в своей программе «Нанетт» довела этот прием до предела. Она объявляет со сцены, что бросает комедию — потому что годами шутила за свой счет и больше не хочет. В какой-то момент она рассказывает историю: парень на остановке чуть не ударил ее, решив, что она заигрывает с его девушкой. Толкал, пока подруга не вмешалась: «Перестань! Это девчонка!» Он тут же отступил: «Я девчонок не бью».

Ближе к финалу Гэдсби признается: она никогда не рассказывала эту историю до конца. Она умолчала о том, что тот парень вернулся и избил ее. «Он избил меня до полусмерти, и никто его не остановил!» — кричит она в зал. Она не вызвала полицию. Не пошла в больницу. Потому что считала, что не заслуживает помощи.

У нее слезы на глазах. В зале — тишина. И тогда она говорит: «Это напряжение теперь ваше. Я больше не буду снимать его с вас. Учитесь жить с ним. Потому что те, кто не вписывается в норму, носят его в себе каждый день».

Через несколько секунд она все-таки шутит — и напряжение отпускает. Это по-прежнему стендап, пусть и необычайно эмоциональный. Но я не хочу портить вам вечер. Вот вам факты повеселее. Самые смешные шутки в мире — длиной 103 знака. Самое смешное животное — утка. Самое смешное время суток — 18:03. Откуда это известно? Британский психолог Ричард Уайзман запустил онлайн-проект LaughLab: люди голосовали, насколько смешными им кажутся предложенные шутки, и присылали свои. Когда он обработал данные, выяснилось: именно в 18:03 пользователи сайта оценивали шутки как наиболее смешные. А из всех шуток про животных лучше всего «заходили» шутки про уток. Но главное — среди всех шуток нашлась одна, набравшая абсолютный максимум голосов. Учитывая, что в проекте участвовали 1,5 миллиона человек, ее вполне можно объявить самой смешной шуткой в мире. Итак… барабанная дробь!

Два охотника идут по лесу. Один вдруг падает замертво. Второй в панике звонит в скорую: «Мой друг, кажется, умер! Что делать?!» Диспетчер отвечает: «Для начала убедитесь, что он действительно мертв». Пауза. Выстрел. «Готово. Что дальше?»

Ладно, признаю: неужели это самая смешная шутка в мире? Я просто криво усмехнулся. Возможно, дело в том, что я не услышал эту шутку вживую, а в юморе многое решают тайминг, мимика, жесты и умение чувствовать аудиторию. Можно извлечь и еще один урок: не существует шутки, которую считают смешной все до единого. Референтные рамки имеют значение! И в то же время — при правильных обстоятельствах мы способны смеяться почти над чем угодно.

Робин Лакофф, одна из самых авторитетных лингвистов в мире, в 1975 году опубликовала книгу «Язык и место женщины» (Language and Woman's Place), заложившую фундамент гендерной теории юмора. Ее главная заслуга — не в анализе шуток как таковых, а в том, что она открыла дискуссию о языке, гендере и власти. И показала: юмор — это языковое поле, в котором традиционные структуры власти проявляются с особой наглядностью.

В той самой книге Лакофф писала о том, что женщины будто бы не умеют рассказывать анекдоты, путают порядок, не видят, в чем соль, и вообще не понимают шуток. Короче — у женщин нет чувства юмора.

Разумеется, она говорила это не всерьез. Она излагала предрассудки, которые критиковала. Ее тезис заключается в том, что юмор не нейтрален и не универсален — он глубоко встроен в социальные структуры, прежде всего в гендерные. В эпоху, когда публичное пространство — а с ним и пространство видимого юмора — принадлежало мужчинам, женщинам отводилась роль аудитории. Они смеялись над чужими шутками. Лакофф первой выдвинула идею, что юмор — это инструмент власти. Кто смеется? Кто смешит? И кому вообще позволено быть смешным? Раньше об этом не говорили. И это были крайне неудобные мысли — в первую очередь для мужчин.

Нейропсихолог Аллан Рейсс решил проверить, различается ли реакция мозга на юмор у мужчин и женщин. Он показывал участникам эксперимента карикатуры — смешные и заведомо несмешные — и записывал активность мозга при помощи МРТ. Выяснилось: у женщин сильнее активировались правое прилежащее ядро и участки левой префронтальной коры. Рейсс объясняет это так: женщины, по-видимому, меньше ожидают вознаграждения. Поэтому, когда смысл шутки становится понятен, эффект «обнаружения ошибки предсказания» — а мы о ней уже не раз говорили — оказывается сильнее.

Любопытно, что, по данным нейровизуализации, юмор обрабатывается прежде всего в медиальной префронтальной коре — той же области, которая отвечает за социальное поведение и эмпатию. И это не зависит от пола или гендерной идентичности. Человек — существо социальное. Юмор — одна из граней этого явления.

Как алкоголь меняет мозг

Вернемся в пивную. Вы по-прежнему сидите с лучшим другом за столиком в углу, но перед вами уже второе пиво — и стакан наполовину пуст.

Четыре года назад я впервые продержался целый месяц без алкоголя. Далось это не так уж тяжело. Но были неприятные моменты. Например, день рождения моей тогдашней соседки — в пивной, разумеется. После третьего сладкого лимонада я так и не поймал настроение и ушел домой, чувствуя перенасыщение сахаром. Безалкогольное пиво тогда еще не было так распространено, как сейчас. Мне стало интересно: а стоит ли вообще отказываться от алкоголя? Я начал разбираться, что происходит с мозгом, когда мы пьем. Что сказать — разобрался. И это подействовало. С тех пор я каждый год устраиваю «сухой январь», а пару раз даже растягивал его до лета. Раз уж вы сидите в пивной — давайте проследим путь алкоголя: от бокала до мозга. И разберемся, как именно ему удается нас опьянять.

Вы снова чокаетесь, делаете хороший глоток — пиво по-прежнему отличное. Поехали.

Первая остановка — желудок. Оттуда алкоголь попадает в кровь, но не всегда с одинаковой скоростью: если перед этим вы плотно поели, в кровь проникает меньше — и вы действительно медленнее пьянеете. Из крови алкоголь направляется в органы, прежде всего в те, у которых самое мощное кровоснабжение: печень и мозг — именно в таком порядке. Печень тут же бросает на перехват свои ферменты, пытаясь расщепить яд. Но чаще всего не успевает — и часть алкоголя добирается до мозга.

И тут начинается приятное. Уровень дофамина в прилежащем ядре — части системы вознаграждения — растет. Дофамин (да, снова он) делает свое дело: после первого бокала мы чувствуем себя прекрасно — счастливее, увереннее в себе, бодрее. Но на этом история не заканчивается. Мозг, как мы уже знаем, состоит из 86 миллиардов нервных клеток, каждая из которых поддерживает около 10 000 связей с соседями. Общение этих клеток друг с другом определяет все наши способности.

Чтобы понять, как именно алкоголь манипулирует мозгом — а он именно это и делает, — придется ненадолго вернуться к основам. Нейроны работают в двух режимах: возбуждение и торможение. Возбужденный нейрон передает электрический сигнал дальше. Заторможенный — наоборот: снижает вероятность передачи. Баланс между этими двумя процессами критически важен — по сути, он является для нас ключевым. Алкоголь этот баланс расшатывает. Как, уж простите, шатает и тех, кто его пьет.

Алкоголь бьет по тому самому механизму, который определяет, возбудится нейрон или затормозится, — по нейромедиаторам. Напомню: это химические посредники, передающие сигналы между клетками мозга. Их много (дофамин мы уже хорошо знаем), но для понимания действия алкоголя ключевых два: ГАМК — гамма-аминомасляная кислота — и глутамат.

Как именно алкоголь с их помощью добивается того, что у нас заплетается язык, мы теряем нить разговора и ходим зигзагами? Объясню так, чтобы вы могли пересказать это другу, когда вы в следующий раз встретитесь за бокалом пива. Алкоголь работает как усилитель тормозной системы мозга — ГАМК-рецепторов. Рецепторы сидят на поверхности нервных клеток и работают как вышибалы на входе: решают, пускать или не пускать внутрь ионы — крошечные электрически заряженные частицы. ГАМК — тормозящий нейромедиатор. Когда он стыкуется с рецептором, в клеточной мембране открываются ворота и через них внутрь устремляются отрицательно заряженные ионы хлора. Чем больше отрицательного заряда внутри клетки, тем сильнее ее «клонит ко сну» — и тем реже она посылает сигнал. Алкоголь делает так, что ворота остаются открытыми дольше и шире обычного. Отрицательных ионов становится все больше. Клетка еще сильнее заряжается отрицательно — и все медленнее реагирует.

Но алкоголю этого мало. Параллельно он блокирует глутаматные рецепторы — те, что в норме пропускают внутрь положительно заряженные ионы и возбуждают клетку. Результат тот же: заряд клетки уходит в еще больший минус. Двойной удар, который уменьшает вероятность того, что сигнал дойдет до следующего нейрона.

Нейромедиаторы, напомню, передают информацию не в одном уголке мозга, а повсюду. Для органа, чья главная задача — транслировать сигналы, торможение этой передачи — катастрофа. Представьте: ваша машина в вечерних пробках вдруг переключается на 20 километров в час. Вы двигаетесь вперед. Но все трезвые вокруг едут значительно быстрее.

В результате ощущения притупляются, восприятие замедляется (попробуйте после пары бокалов сыграть в пинг-понг), внимание рассеивается («Что он сейчас сказал?») и память дает сбой. Короче — вы пьяны. А иногда настолько, что наутро не можете вспомнить, как добрались домой. Это называется провал в памяти.

Почему, выпив лишнего, вы ничего не помните

Мой бывший сосед на нашей новогодней вечеринке несколько лет назад впервые в жизни встал за диджейский пульт. Его слот длился с половины пятого утра, полчаса.

Для берлинского Нового года — время вполне рабочее. На кухне мы устроили бар: шампанское, водка с содовой, джин-тоник, пиво, мате — на любой вкус. И, как водится, к половине пятого мой сосед-диджей уже успел продегустировать ассортимент. В 4:30 он поднялся на сцену (да, сцена у нас была настоящая) и отыграл программу. Народ танцевал, кто-то поддерживал его криками, сосед сиял.

На следующий день я спросил, как ему понравился новый опыт. Он ответил: «Без понятия». Он ничего не помнил. Слишком много алкоголя. Классический провал в памяти.

Вы уже знаете, почему алкоголь замедляет мозг. Встает следующий вопрос: почему мы порой вообще ничего не помним? И можно ли этого избежать?

Сначала уточню, что я имею в виду. Провал в памяти — это не потеря сознания. Это когда вы просыпаетесь утром и не знаете, как добрались домой. Ощущение мерзкое. Но сам факт, что вы *всё-таки оказались дома*, любопытен. Он означает: мозг не выключился. Моторная кора, судя по всему, еще работает. Речевые зоны — тоже. Язык заплетается, но вы разговариваете. Шатаетесь, но ходите. Просто наутро не помните ни слова из сказанного.

Чтобы понять, как алкоголю такое удается, нужно ненадолго вернуться к устройству памяти. Когда мы что-то вспоминаем, в мозге активируются определенные нейроны — в определенной временно́й последовательности. Они могут быть разбросаны по всему мозгу. Для примера возьмем гороховый суп вашей бабушки — тот самый, который вы будете помнить всю жизнь. Когда вы впервые его попробовали, мозгу нужно было принять и на мгновение удержать целый поток информации — запах, вкус, внешний вид — через сенсорную ультракратковременную память. Чтобы суп остался в памяти надолго, связи между задействованными нейронами должны пройти консолидацию — проще говоря, укрепиться. Чем чаще вы едите бабушкин суп, тем прочнее воспоминание. Ключевую роль здесь играет гиппокамп — он расположен в височной доле и связан со множеством других областей: префронтальной корой, таламусом (который занимается сенсорной обработкой) и не только. Благодаря этим связям воспоминания со временем «переселяются» из гиппокампа в кору больших полушарий — на долгосрочное хранение.

Мы уже знаем: алкоголь вмешивается в работу нейромедиаторов и замедляет передачу сигналов от клетки к клетке. Для памяти это катастрофа. Алкоголь, судя по всему, добирается и до гиппокампа — и атакует его с двух сторон. Напрямую: нарушая работу внутренних цепей. И косвенно: подрывая связь гиппокампа с другими зонами мозга. Воздействуя на нейроны и пирамидальные клетки гиппокампа, алкоголь блокирует переход воспоминания из кратковременного в долговременное. В разгар веселого вечера вы еще помните фразу, которую собеседник произнес минуту назад. Наутро — уже нет.

На первый взгляд странно: почему иногда происходят провалы в памяти, а иногда, при том же количестве выпитого, все в порядке? Это становится понятно, если посмотреть на уровень алкоголя в крови. А он зависит от множества факторов — в том числе от того, поели ли вы перед тем как выпили. На пустой желудок алкоголь попадает в кровь — а оттуда в печень и мозг — значительно быстрее и в бóльших количествах. Вы не просто быстрее пьянеете: вы резко повышаете риск провала в памяти. Отсюда совет номер один: никогда не пейте натощак.

Уровень алкоголя в крови зависит и от скорости. Пять рюмок подряд в начале вечера или три пива за полчаса —

и вероятность провала в памяти возрастает. Чем медленнее вы пьете, тем больше шансов у печени справиться — и тем меньше алкоголя доберется до пирамидальных клеток гиппокампа. Совет номер два: не торопитесь.

То же самое происходит, если чередовать: бокал алкоголя — стакан воды. Это совет номер три.

И последнее. Уровень алкоголя в крови при одинаковом количестве выпитого зависит от пола. Исследования показывают: женщины более уязвимы — им порой достаточно вдвое меньше, чтобы наутро ничего не помнить. Причина отчасти физиологическая: у женщин в среднем выше доля жировой ткани и, соответственно, меньше воды в организме — около 50–55% массы тела против 60–65% у мужчин. Алкоголь распределяется преимущественно в воде, поэтому при той же дозе концентрация в крови у женщин оказывается выше. А значит, удар по гиппокампу — сильнее.

Но было бы нечестно ограничиться советами о том, как пить «с умом». Строго говоря, безопасного для мозга количества алкоголя не существует. Чем чаще и чем больше вы пьете, тем глубже алкоголь вмешивается в структуру мозга. Нейровизуализация показывает: у людей, пьющих много и длительно, мозг теряет вещество. Причем не где попало — а именно там, где это бьет больнее всего: в префронтальной коре, в гиппокампе и в мозжечке, который координирует движения и сам начинает, так сказать, шататься.

Мозг при алкогольной зависимости усыхает в буквальном смысле — это называется атрофией. И снова: у женщин процесс идет быстрее, хотя пьют они в среднем меньше.

Но дело не только в анатомии. Люди, годами употребляющие алкоголь регулярно, отмечают не только провалы в памяти, но и проблемы с концентрацией, перепады настроения, нарушения сна. Контроль импульсов слабеет, система вознаграждения перестраивается. Стоит однажды почувствовать, что первый бокал делает мир чуть легче, — и на следующий день рука снова тянется к бутылке.

И речь идет не только о тяжелой зависимости, когда пиво начинают пить прямо с утра. Даже умеренное, но регулярное употребление алкоголя за годы приводит к когнитивным потерям — прежде всего страдает способность вспоминать собственную жизнь. Истории, из которых мы состоим, размываются. И это не метафора — это нейронный факт. Масштабное исследование с участием более 25 000 человек показало: уже один–два бокала в день сопровождаются измеримым уменьшением объема мозга — особенно в лобной и височной долях, где организуются планирование, речь и память.

Хорошая новость — и она, как всегда, связана с пластичностью: мозг способен восстанавливаться. По крайней мере отчасти. После месяцев или лет воздержания некоторые структуры снова набирают объем, функции возвращаются. Но для этого нужно время. И готовность дать мозгу то, что ему действительно необходимо: сон, кислород и — в идеале — как можно меньше алкоголя.

Вывод нейронауки на сегодняшний день: безопасного уровня алкоголя не существует. Риск возрастает с каждым следующим бокалом. Это не значит, что бокал вечером — катастрофа. Мы все постоянно делаем то, что не идет нам на пользу. Но это не должно становиться привычкой.

21:00

ПЕРВАЯ ЛЮБОВЬ

Что происходит с мозгом, когда мы влюбляемся

Вы с другом решаете обойтись без третьего пива — завтра обоим рано вставать. Он как раз рассказывает, что снова начал бегать, — и тут слева от вашего стола проходит женщина. Взгляд цепляется за нее сам собой: она идет к стойке и заказывает красное вино. Друг говорит еще что-то, но вы его уже не слышите. Все внимание — на ней. Она оборачивается, скользит взглядом по залу — и ваши глаза встречаются. Секунда. Она улыбается. Вы улыбаетесь в ответ. И тут вы понимаете, в чем дело. Эта женщина мгновенно напомнила вам первую влюбленность. Походка, волосы — и эти глаза. Десятый класс. Но женщина у стойки не она. Вы оба отводите взгляд, она берет бокал, проходит мимо и исчезает в глубине зала. А вы возвращаетесь мыслями туда — в то время, о котором давно не вспоминали. Но до сих пор помните, какими сильными были тогда ваши чувства.

Мало что в жизни мы ощущаем так остро, как влюбленность. Мою первую любовь звали Фанни, она была француженкой. Приехала на три месяца в наш маленький город на севере Германии по школьному обмену. Черные волнистые волосы, невысокая, спортивная и — главное — крутая. Не давала нам, немецким мальчишкам, спуску и отвечала шуткой на шутку. Я влюбился мгновенно. Не мог думать ни о чем, кроме нее. А каждый раз, когда знал, что сейчас ее увижу, — чувствовал себя счастливым. В шестнадцать лет я впервые влюбился по-настоящему. Конечно, не в последний раз. Но до сих пор помню, как меня накрыло это чувство.

Что тогда происходило в мозге? Если мы говорим о любви, нам снова не обойтись без дофамина. Мы уже знаем: это не «гормон счастья», который просто дарит приятные ощущения. Дофамин — нейромедиатор обучения и предвкушения. Он отмечает не само переживание, а предчувствие: впереди ждет что-то сто́ящее. Это нейронное обещание: сейчас нам будет хорошо. Дофаминовый выброс мы испытываем прежде всего от многообещающих неожиданностей. Письмо от друга, о котором давно не слышали. Незнакомый город — и вдруг лавка с вкуснейшими сэндвичами. Или — среди участниц школьного обмена вдруг оказывается Фанни.

Мы, напомню, непрерывно строим предположения о том, что́ скоро произойдет. Если учесть, что мозг буквально зависим от них — и что каждый раз, когда реальность их превосходит, это имеет последствия, — многое в нашей повседневной жизни становится понятнее. Дофамин реагирует мощнее всего, когда дело идет лучше, чем ожидалось: награда оказывается больше, приходит быстрее или возникает из ниоткуда. В эти моменты мозг посылает сигнал: «Отлично — хочу еще. Запомни». Дело не в сэндвиче и не в Фанни как таковых. Не в удовольствии, а в предвкушении удовольствия.

Но зачем? Какой в этом эволюционный смысл? Мозг, судя по всему, делит окружающий мир на две зоны: периперсональную — то, до чего можно дотянуться прямо сейчас, и экстраперсональную — все, что за пределами досягаемости. Первая — зона реального. Вторая — зона возможного.

В книге «Дофамин: самый нужный гормон», откуда я заимствовал это разделение, нейроученый Дэниел Либерман и писатель Майкл Лонг еще радикальнее упрощают картину. Они говорят просто: «верх» и «низ». Посмотрите вниз, на себя, — это область реального: удовлетворенность тем, что имеете. Посмотрите вверх — область возможного: стремление к бóльшему. То, что вне досягаемости. Когда речь идет о том, что у нас уже есть, мозгом управляют нейромедиаторы «здесь и сейчас». Они помогают наслаждаться настоящим и обрабатывать непосредственный опыт.

За «здесь и сейчас» отвечают три молекулы. Серотонин — внутренний миротворец, создающий расслабленность, спокойную радость, удовлетворенность. Он активен, когда вы наслаждаетесь едой или пребыванием в хорошей компании. Именно он делает настоящее ценным. Окситоцин — гормон привязанности. Он выбрасывается во время близких социальных контактов, при прикосновениях, в отношениях с любимыми и во многом определяет, выдержит ли пара испытание временем (об этом — чуть позже). Его послание мозгу: «Все хорошо. Оставайся здесь». Эндорфины — природные обезболивающие и усилители удовольствия: их высвобождают движение (бег, тренировка) и наслаждение (например, шоколад).

Но когда речь заходит о дальней зоне — о том, чего у нас еще нет, — на сцену выходит дофамин. То, что вдали, нельзя потрогать или попробовать, — можно только пожелать. По Либерману и Лонгу, у дофамина одна четкая задача: наращивание будущих ресурсов. Стремление к лучшему. С эволюционной точки зрения логично, что у нас есть нейромедиатор, который включается всякий раз, когда на горизонте появляется что-то, способное улучшить жизнь. И здесь важна временна́я составляющая: то, чего у нас *пока* нет, мы можем получить — но только *в будущем*. Дофамин — это наше будущее. Именно поэтому он так мощно работает, когда мы влюбляемся. Человек, которым мы увлечены, — еще не часть нашего настоящего. Он часть будущего. Он может изменить нашу жизнь. А поскольку мало что влияет на жизнь так глубоко, как человек, с которым мы делим повседневность, — мы так сильно и переживаем влюбленность.

Должен с некоторой гордостью сообщить: мы с Фанни стали встречаться. Проводили вместе всё свободное время — целовались, ездили в бассейн, на озеро. Была весна, потом наступило лето — а это, как известно, лучшее время. Но через три месяца ей пришлось вернуться во Францию. Какое-то время мы оставались вместе. Но расстояние от города Итцехо в Шлезвиг-Гольштейне до северо-запада Франции оказалось непреодолимым для двух шестнадцатилетних подростков. От Фанни осталось главное — воспоминание о трех невероятно насыщенных месяцах.

Останься она — воспоминание, скорее всего, было бы другим. Потому что когда будущее (то, что вызывало дофаминовые выбросы) становится настоящим — привычным, повседневным, — новизна тускнеет. А с ней сходит на нет и дофаминовый кайф. Именно это происходит, когда мы выходим из фазы первой влюбленности. Острое желание быть рядом с другим человеком ослабевает, когда этот человек перестает быть частью будущего и становится частью повседневности. Его не нужно больше завоевывать — он уже здесь. Сколько длится фаза влюбленности? Точно не знает никто; по оценкам — от 12 до 18 месяцев. Но и после нее молекулы в мозге продолжают определять, как сложатся отношения. И иногда это причиняет настоящую боль.

Как мозг становится ревнивым

Небольшой тест. По шкале от 1 (совершенно спокоен) до 7 (прихожу в бешенство) — как бы вы отреагировали на следующие ситуации?

Ваш партнер упоминает, что находит кого-то привлекательным.

1	2	3	4	5	6	7

Ваш партнер заметно оживляется в разговоре с определенным человеком.

1	2	3	4	5	6	7

Ваш партнер очень приветливо кому-то улыбается.

1	2	3	4	5	6	7

Кто-то настойчиво ищет сближения с вашим партнером.

1	2	3	4	5	6	7

Ваш партнер флиртует.

1	2	3	4	5	6	7

Ваш партнер обнимает и целует другого человека.

1	2	3	4	5	6	7

Это фрагмент так называемой Многомерной шкалы ревности, разработанной еще в 1989 году. Цель шкалы — измерить, насколько человек ревнив. Потому что, как и большинство чувств, ревность существует в широком диапазоне — от легкой до патологической.

На этой шкале есть место и мне. Что меня совсем не радует. Ни одно другое чувство не заставляет меня так злиться на самого себя прямо в момент переживания. Ревность выматывает. Одни держат ее в себе, другие копаются в переписке партнера в поисках доказательств измены. И слишком часто ревность оборачивается насилием — как правило, со стороны мужчин. В 2021 году в Германии было зафиксировано более 140 000 случаев партнерского насилия; свыше 80% пострадавших — женщины.

Ревность присутствует в древнейших пьесах, а опросник выше создан более 30 лет назад — и все же мы поразительно мало знаем о том, что происходит в мозге, когда мы ревнуем. Кое-что нам, впрочем, известно. Но сначала дадим определение.

Ученые умеют облечь простые вещи в непростые слова. Ревность, по их определению, — это восприятие угрозы потери значимых отношений из-за реального или воображаемого соперника, включающее в себя эмоциональную, когнитивную и поведенческую составляющие. Проще говоря, мы боимся потерять человека. И это мучительно. Хотя слово «ревность» чаще всего ассоциируется с романтическими отношениями, она не ограничивается этой сферой. Уже шестимесячные дети проявляют беспокойство, когда мать переключается на другого ребенка. В одном эксперименте матери обращались к реалистичной кукле на глазах у своих малышей. Те плакали и морщились. Но дело было не просто в нехватке внимания: когда матери просто переставали реагировать на детей, не переключаясь на «соперника», — вспышки ярости случались значительно реже.

Большинство людей в западном мире живут в моногамных отношениях — как и некоторые виды животных. Поэтому ученые нередко изучают ревность у приматов. Особенно удобная модель — обыкновенные игрунки, моногамный вид обезьян, чье отношение к парным связям удивительно похоже на человеческое.

В одном эксперименте исследователи спровоцировали ревность у самцов: поместили их партнерш в поле зрения рядом с незнакомым самцом. В контрольной группе самцы видели незнакомую самку рядом с незнакомым самцом. Все взаимодействия снимали на видео в течение 30 минут, после чего провели томографию мозга и измерили уровень гормонов. У самцов из «группы ревности» повышенную активность показала поясная кора — она тянется как пояс над мозолистым телом, соединяющим полушария. У человека эта область ассоциируется с социальными переживаниями. Активировался и латеральный септум — зона, связанная с обработкой эмоций, социальным поведением, стрессовыми реакциями и — что важно — с привязанностью в паре. Все указывает на то, что ревность тесно переплетена с ощущением социального отвержения. А отвержение, как показывают исследования, для мозга почти неотличимо от физической боли. Ревность причиняет боль — в буквальном смысле.

У ревнующих самцов были повышены и тестостерон, и кортизол — индикатор социального стресса. Причем максимальным уровень кортизола оказался у тех, кто дольше всего наблюдал за партнершей рядом с чужаком.

Вернемся к человеку. В нейронауке, как мы уже знаем, многое проясняется при изучении повреждений мозга. Описаны случаи, когда после инсульта у людей развивалась особая форма ревности — синдром Отелло, названный в честь героя шекспировской пьесы. При этом синдроме человек безосновательно обвиняет партнера в неверности. Исследования показывают, что у многих пациентов с синдромом Отелло обнаруживаются изменения в правой части префронтальной коры головного мозга.

Обрабатывает ли мозг ревность по-разному в зависимости от пола? Да — и это показало часто цитируемое японское исследование 2006 года. Ученые проверяли, как мужчины и женщины реагируют на два типа неверности: физическую («он с ней переспал») и эмоциональную («он ей рассказывает то, что обычно рассказывает только мне»). Участники — все гетеросексуальные взрослые — читали короткие сценарии: сексуальная измена, эмоциональная измена, нейтральная ситуация (например, «партнер проводит вечер с друзьями»). Их задачей было представить сценарий как можно живее. В это время мозг сканировали при помощи фМРТ. После каждого сценария участники оценивали, насколько сильно чувствовали ревность, гнев, грусть.

Результат оказался неожиданным. Согласно собственной оценке участников, разницы между мужчинами и женщинами не было: и те и другие оценивали свою ревность одинаково. Но наблюдение мозга показало иное. У мужчин при сексуальной неверности особенно мощно активировались миндалевидное тело и гипоталамус — зоны, связанные с сексуальными влечениями, агрессией и гормональной регуляцией. У женщин сильнее реагировала задняя верхняя височная борозда — область, отвечающая за социальное восприятие, эмпатию и считывание межличностных сигналов.

Можно сделать вывод, что мужской мозг биологически чувствительнее к сексуальной угрозе, женский — к эмоциональной угрозе привязанности. С эволюционной точки зрения это объяснимо: для женщины бо́льшую опасность представляла не случайная связь партнера, а его эмоциональная привязанность к другой — потому что за ней, как правило, следовал уход к сопернице. Повышенная активность миндалевидного тела у мужчин, в свою очередь, может быть связана с эволюционной необходимостью обеспечить отцовство. Кстати, какой пол ревнивее — вопрос открытый. Большинство исследований не обнаруживают значимой разницы. А описанные различия, судя по всему, сглаживаются в обществах с бо́льшим гендерным равенством и уровнем образования. Чем выше образование — тем меньше, как показывают данные, люди следуют навязанным ролевым моделям.

Лично мне становится легче от знания, что ревность — не дефект, а наследие древних инстинктов, когда-то обеспечивавших выживание. Как это часто бывает, общество меняется быстрее, чем мозг. Все больше людей строят немоногамные отношения. Фокус сместился: мы давно не подчиняем все решения задаче продолжения рода. Но это понимание не должно служить оправданием. Мозг способен меняться, и мы не обречены быть заложниками ревности. Правда, универсальных рецептов нет. Порой мыслительные паттерны, питающие ревность, находятся настолько глубоко, что справиться с ними можно только в терапии. А если не удается? Я знал пары, которые разрушила ревность.

Что происходит с мозгом, когда вас бросают

Сделаем еще один болезненный круг по территории влюбленного мозга. Прошло несколько лет с тех пор, как я в последний раз был несчастливо влюблен. Хотя начиналось все вполне нормально. Я был по уши влюблен в женщину, которую встретил в баре. И, как водится, думал только о ней. Дофаминовая система работала на полную мощность. А поскольку дофамин — это не про удовольствие, а про предвкушение, я по несколько раз в день — ежечасно, если честно, — рисовал себе наше совместное будущее. Театр, кино, совместное приготовление еды, знакомство с семьями. Удивительно, какой творческой становится фантазия.

И вот — у нас завязались отношения. Месяц-другой мы виделись постоянно: то проводили вместе целые дни, то целые ночи. Я объявил соседке: «Я влюблен!» Вы уже догадываетесь, чем все кончилось. Точнее — чем не кончилось. Если коротко: она решила, что я не тот самый, кого она искала. Описывать, каково это было, не буду. Вы наверняка сами все знаете. Не зря говорят — разбитое сердце. А то, что разбивается, — болит. Хотя справедливее было бы говорить о разбитом мозге.

Когда нас отвергают, это причиняет боль — в самом прямом смысле. Я не преувеличиваю. Особенно если мы влюблены, реакция мозга поразительно напоминает ответ на физическую боль. В обоих случаях активируется передняя поясная кора, связанная с эмоциональной обработкой боли. Подключается и передняя островковая кора — глубинная структура, скрытая в складках боковой поверхности мозга. Эмоциональная и физическая боль обрабатываются не одинаково, но механизмы действуют похожим образом.

При физической боли мозг высвобождает опиоиды — естественные обезболивающие. При социальном отвержении, судя по всему, происходит то же самое. И то, насколько хорошо мы переживаем расставания, во многом зависит от того, сколько опиоидов вырабатывает наш мозг.

В 2010 году исследователи из Кентуккийского университета решили проверить: можно ли использовать этот механизм — и приглушить социальную боль при помощи лекарств? На протяжении трех недель одна группа участников ежедневно получала 1000 мг парацетамола, другая — плацебо. Парацетамол не опиоид, но действенное обезболивающее. Каждый день участники записывали в дневник, насколько сильную социальную боль они испытывали в обычных будничных ситуациях отвержения, отказа, исключения из группы. Результаты показали: у тех, кто принимал парацетамол, интенсивность социальной боли за три недели снизилась. В группе с плацебо ничего не изменилось. А поскольку трудно представить более мощное социальное отвержение, чем неразделенная любовь, — парацетамол теоретически мог бы помочь и здесь. У меня, к счастью, до таблеток не дошло. Справился без обезболивающих.

В том же 2010 году Хелен Фишер и ее команда задались вопросом, какие зоны мозга активируются, когда нам разбивают сердце. Фишер — выдающаяся нейроученая и антрополог, посвятившая карьеру биологии любви: романтическим чувствам, влечению, привязанности. Одна из ведущих исследователей в этой области — и мы с ней еще встретимся.

Ее команда провела фМРТ-сканирование людей, недавно переживших любовную драму. Десять женщин и пятеро мужчин, которых недавно отверг партнер, но которые, по их собственным словам, все еще были глубоко влюблены.

Набирали участников по объявлениям: «Вас отвергли, но вы не можете отпустить ситуацию?» Все сообщали, что думают об этом человеке более 85% времени бодрствования и мечтают вернуть отношения. Процедура была, мягко говоря, жестокой: лежа в томографе, участники попеременно смотрели на фотографию того, кто их отверг, и на фотографию знакомого, к которому относились нейтрально.

Эксперимент показал мощную активацию в зонах, связанных с вознаграждением, зависимостью, тягой и эмоциональной регуляцией. В том числе в вентральной области покрышки — той самой, что активна у счастливо влюбленных. Работали и ключевые узлы системы вознаграждения: правый вентральный стриатум, включая прилежащее ядро, вентральный бледный шар и вентральную скорлупу.

Фишер знала, что обычно эти зоны особенно активны в ситуациях, связанных с оценкой рисков и вознаграждением, — например, когда мы играем в азартные игры. Чем выше ставки, тем мощнее активация. И вот что она обнаружила: когда мы страдаем от несчастной любви, эти зоны тоже включаются. Логично — ведь в вопросе, с кем провести жизнь, ставки обычно очень высоки. Фишер пошла еще дальше и сравнила мозговую активность людей с разбитым сердцем с активностью при абстиненции. Звучит провокационно, но логика была железной: она уже знала, что зоны риска и система вознаграждения задействованы и при расставаниях, и при зависимостях. Данные о процессах в мозге при ломке к тому времени уже были.

И действительно — паттерны оказались поразительно похожи. Фишер и ее команда заключили: страсть романтической любви — это не столько эмоция, сколько целенаправленное мотивационное состояние. А романтическое отвержение — специфическая форма зависимости. Специфическая форма зависимости. Да — примерно так это и ощущалось, когда девушка из бара решила, что я ей больше не нужен.

Что помогает? Чаще всего мозг справляется сам — ему нужно время. Он вырабатывает собственные опиоиды, чтобы приглушить боль. А еще, как мы узнали из первой главы, помогают сновидения: мозг прорабатывает расставание во сне. Вероятно, и то и другое вместе — нейронаучная версия строк барда Бодо Вартке:

Я знаю: время лечит, и в одном уверен:
Однажды для меня наступит время,
Когда о ней я думать перестану,
Когда свободу снова обрету!

Впрочем, Хелен Фишер давала и практические советы, как оправиться от разбитой любви. Ее формула: Novelty, novelty, novelty! Новизна, новизна, новизна. Логика та же, что при любой зависимости: когда мы влюблены, ключевую роль играет дофамин. Если его источник иссяк, нужно найти другой. Делать то, чего вы никогда прежде не делали: впервые записаться в спортивную секцию, после многолетнего перерыва сходить в театр, попробовать лепку на гончарном круге, поменять работу, приготовить новое блюдо. Короче — погрузиться в жизнь с головой. По словам Фишер, новизна не только помогает пережить потерю — она заново открывает способность впустить кого-то в свою жизнь.

Вот такие простые средства. Хотя на деле, конечно, все совсем не так просто. Первоначальная цель, когда мы строим отношения, — сохранить их. И для этого у Фишер тоже есть рекомендации. Удивительно похожие.

Как сохранить отношения: взгляд науки о мозге

Мы уже говорили: со временем яркая влюбленность уходит из отношений. Сначала чувство кажется невероятным, уникальным, волнующим, как будто такого еще не было, на этот раз все действительно по-другому, и этот человек — тот самый, особенный. У него есть странности и раздражающие привычки? Мы их не замечаем. Мы на седьмом небе. Витаем в облаках. А потом вдруг нас начинает бесить, как он чавкает за едой. Или как она вечно повторяет одно и то же слово. В общем, как пел автор-исполнитель Филипп Диттбернер,

Давай задержимся вдвоем мы на четвертом небе,
Не поднимаясь выше — на седьмое,
Чтоб не упасть поодиночке вниз,
Я через это проходил — мне было больно!

В этой книге я цитирую авторские песни только в главе о любви — и не случайно. Задумайтесь: большинство песен — о любви. Новой, старой, ушедшей.

Мы уже знаем: при влюбленности мозг вырабатывает море дофамина. А у дофамина одна задача — максимизация будущих ресурсов. Стремление к бо́льшему. Дофамин — это наше будущее. Проблема в том, что чувство новизны не вечно. Если бы дофамин умел говорить, он сказал бы: когда у тебя что-то уже есть — это скучно. Живешь в комнате? Дофамин хочет квартиру. В квартире? Нужен дом. В доме? А вилла лучше. Его девиз: «Больше!» И к любви это тоже относится.

Но в любви — как и во многом другом — у нас есть выбор. Можно бежать за очередным дофаминовым кайфом и через год-полтора махнуть рукой: было здорово, пока! А можно выбрать то, что называют любовью-партнерством. Здесь меньше страсти, зато есть глубокая привязанность, доверие, уважение, общие ценности. Либерман и Лонг пишут: чтобы любовь пережила фазу влюбленности, сам тип отношений должен измениться — потому что меняется химия, которая стоит за ними. Мозгу нужно перейти от дофамина будущего к молекулам настоящего: серотонину, окситоцину, эндорфинам (по сути, собственный морфий организма) и эндоканнабиноидам. Если дофамин дает удовольствие от предвкушения, эти молекулы дарят радость от того, что уже есть: от ощущений, прикосновений, близости.

Дофамин — молекула страстного желания и будущего. Окситоцин и вазопрессин — молекулы долгих отношений. Окситоцин активнее у женщин, вазопрессин — у мужчин. Оба не классические нейромедиаторы, а нейропептиды: они работают и как гормоны в крови, и как сигнальные молекулы в мозге. Они действуют медленнее дофамина или серотонина, зато передают сигналы на бóльшие расстояния. Исследователи не раз проверяли их действие на животных. Когда окситоцин вводили в мозг самкам полевок, те надолго привязывались к первому попавшемуся самцу. Удобно. Когда самцам-грызунам встраивали в определенную зону мозга ген вазопрессинового рецептора, те внезапно становились верными. Одна самка — на всю жизнь. Ну почти.

Мы, впрочем, не полевки, и вряд ли мы позволим кому-то вмешиваться в работу собственных рецепторов. Остается вопрос: как выстроить отношения так, чтобы мозг оставался «доволен»? Чтобы дофамин не исчезал совсем, а молекулы настоящего продолжали вырабатываться? При помощи томографа Хелен Фишер нашла ответ. Она и ее команда просканировали мозг 17 человек в долгосрочных отношениях: возраст от тридцати девяти до шестидесяти семи, в среднем 21 год в браке. И у всех были активны те же зоны, что у влюбленных: вентральная область покрышки вырабатывала дофамин. Но параллельно работали и зоны, связанные с ощущением спокойствия и безопасности. Этим парам, похоже, удалось то, о чем мечтают многие: в мозге партнера по-прежнему запускается система вознаграждения — но без одержимости первых месяцев. Рецепт Фишер и здесь тот же: новизна, новизна, новизна.

Важный нюанс: новизна и предвкушение, инициирующие выработку дофамина, не обязательно должны исходить от партнера. Мозгу все равно, откуда берется дофамин. Фишер советует: поезжайте в ресторан на велосипеде, исследуйте район, в котором еще не гуляли, проведите отпуск там, где раньше не бывали. По сути — ведите себя в отношениях так, как если бы переживали расставание и с головой погружались в жизнь. Только без слез и самоедства. А если хотите поддерживать глубокую близость — активировать молекулы настоящего, без которых долгие отношения невозможны, — Фишер советует быть рядом. Буквально. Держаться за руки. Целоваться. Идти рука об руку. И самый прагматичный совет из всех: смотреть кино не в разных креслах, а вместе на одном диване, плечо к плечу, под одним одеялом. Любое прикосновение, которого мы хотим сами, включает молекулы удовольствия.

22:00

ПОЧИТАТЬ ПЕРЕД СНОМ

Почему вы не можете отложить телефон

Пиво было отличным, и вам было приятно увидеться с другом. Но времена, когда вы позволяли себе вечером буднего дня посидеть подольше и заказать еще пару кружек, прошли. Вы точно знаете: еще порция пива или лишний час в этой пивной — и завтра будет раскалываться голова. Нет уж, спасибо. Домой пешком, стакан воды на всякий случай, почистить зубы, лечь в кровать. Сон пока не идет. Вы берете телефон и отвечаете на сообщения, накопившиеся за вечер. Прилетает пуш-уведомление: некий очень богатый американец сказал нечто очень глупое о каком-то немецком политике. «Хм, — думаете вы, — ну как можно такое ляпнуть?» Клик — и вот статья, в которой подробно описано, кто, что и о ком сказал. Проверяете, есть ли реакции. Идете в соцсети — там уже вовсю обсуждают. Скроллите. И еще. И еще. Миг — и прошло полчаса. Это случается с вами все чаще. И вы в этом не одиноки.

Если вы укладываетесь в рамки немецкой нормы, вы проводите со смартфоном 150 минут в день. Это 1050 минут в неделю — 17,5 часа. За год набегает 38 дней. А теперь честно: какую долю этого времени телефон *действительно* делает вашу жизнь лучше? И если бы вы могли контролировать себя — стали бы вы смотреть в экран так же долго? Ответ известен: вероятно, нет. По оценкам исследователей, люди хотели бы пользоваться телефоном примерно на треть меньше, чем пользуются в реальности. Тогда почему не получается? Почему мы проводим с экраном куда больше времени, чем сами того хотим? И есть ли способ, который действительно помогает ограничить время, проведенное в телефоне? (Да, есть.)

Вы уже знаете, на что способен дофамин. Но в одиночку не справился бы даже он. Динамику соцсетей часто упрощают: приходит пуш-уведомление, выделяется дофамин, возникает зависимость. На деле всё сложнее. Да, дофамин отчасти влияет на тягу к бесконечному скроллингу — но он не единственный виновник, а скорее участник довольно изощренной системы. Бывший президент Facebook Шон Паркер однажды с обезоруживающей прямотой признался: при создании платформы команду занимал один вопрос — как захватить максимум времени и сознательного внимания пользователей? Ответ оказался прост: маленькие непредсказуемые награды. Лайки, сообщения, новые рилсы — все, что ощущается как маленький выигрыш. Принцип тот же, что в игровых автоматах, и он прицельно активирует дофаминергическую систему. Но есть и обратная сторона: исследования показывают, что у людей, особенно часто просматривающих ленту соцсетей, базовый уровень дофамина бывает снижен — и лайки становятся способом его «дозаправки».

Но одним дофамином бесконечный скроллинг не объяснишь. Мы боимся пропустить важное? Жаждем социального одобрения? Надеемся на сюрпризы, которые нам обещают алгоритмы? Все это — части одного механизма. И мозг непрерывно учится: перестраивает ожидания, калибрует реакции. Когда реальность оказывается лучше прогноза — дофамина образуется больше. Именно поэтому так коварны соцсети: они намеренно не дают вам в точности того, чего вы ждете. Маленькие непредсказуемые попадания — лайк, неожиданный рилс, сообщение от того, о ком вы давно не слышали, — и вот отлипнуть от экрана почти невозможно. Книга, разговор, прогулка реже дают такие ощущения. Разница в том, что при чтении книги мозг не кричит каждые 30 секунд: «А вдруг дальше будет что-то интересное… продолжай скроллить!»

Мозг постоянно адаптируется, то есть учится, — и именно поэтому кратковременный «цифровой детокс» не работает. Чтобы что-то изменить, нужно надолго менять привычку. Исследование Университета Дьюка показало: 45% нашего повседневного поведения — то, что мы делаем на автомате. Почти половина ваших действий за день — привычки. Так происходит из-за стремления экономить энергию: автоматизированные действия обходятся мозгу значительно дешевле. Пока вы их выполняете, активность мозга заметно снижается.

Привычки — вещь полезная. Мы уже говорили: именно они фундамент здорового питания, регулярных тренировок и вообще всего, что не дается просто так, без усилий и дисциплины. Но привычка перестает быть полезной, когда она нам не нужна. Как, например, привычка автоматически хвататься за телефон каждые несколько минут.

Как избавиться от нежелательной привычки? Американский журналист Чарльз Дахигг в книге «Сила привычки» объясняет на примере. Допустим, каждый день в три часа вы идете в пекарню за печеньем. Причины могут быть разные: тяга к сладкому, потребность в энергии — или желание пообщаться с коллегами по дороге. Дахигг обнаружил, что для него главным было именно общение. Чтобы отказаться от печенья, он стал каждый день в три часа проводить встречу с командой — без выпечки. Принцип универсален: спросите себя, какую потребность вы на самом деле удовлетворяете, — и найдите способ сделать это иначе.

Со смартфоном все выглядит просто: потребность очевидна — дофамин. Но заменить экран телефона другим действием, которое так же быстро дает столько же дофамина, невозможно — такого действия не существует. И само объяснение «все дело в дофамине» — слишком грубое. Да, неожиданные награды (новый лайк, новое сообщение) активируют дофаминергическую систему — это известно. Но в строго контролируемых исследованиях с нейровизуализацией повышение дофамина при повседневном использовании телефона подтверждается далеко не так однозначно. Новейшие работы указывают на другое: за бесконечным скроллингом чаще стоят страх социальной изоляции, скука и банальный дефицит саморегуляции. А когда вы уже вошли в приложение — алгоритмы делают все, чтобы вы остались. Стоит учитывать и контекст: большинство экспериментов с дофамином проводилось на животных — с упрощенной схемой: «нажал рычаг — получил корм». Мир смартфона устроен сложнее: стимулы не изолированы, награды зависят от социума, ожидания определяются культурным кодом. Мы, как уже говорилось в начале книги, не лабораторные мыши.

Если мы хотим проводить с телефоном меньше времени, нужно менять привычки. А поскольку привычки — противник серьезный, придется перехитрить самого себя. Один из приемов — включить на телефоне режим оттенков серого. Когда уведомления перестают быть цветными, взгляд реже цепляется за экран. Другой — обмотать телефон резинкой для волос. При каждом взгляде — секундная заминка, и в эту секунду можно успеть спросить себя: мне правда нужно сейчас проверить ленту соцсетей? К тому же резинка раздражает при чтении и просмотре видео — а это и есть цель. Еще эффективнее: выходить из аккаунтов соцсетей и каждый раз входить заново. Да, неудобно. И поэтому работает. Приложения спроектированы так, чтобы вы не замечали, как открываете их. Вы можете сознательно построить преграду — и дать мозгу паузу, в которую он вспомнит: это не необходимость, а импульс. И мой фаворит: укладывайте телефон спать. Буквально. Вечером — в коробку, в ящик стола, под одеяло. До утра. Не потому, что он мерзнет. А потому, что мозг любит ритуалы.

Но не рассчитывайте на мгновенный результат. По словам психиатра и аддиктолога Анны Лембке, чтобы отвыкнуть от устоявшейся привычки, нужен как минимум месяц. Если вы всерьез хотите проводить меньше времени с телефоном — отнеситесь к этому как к долгосрочному проекту.

Вы лежите в кровати и скроллите, держа телефон перед глазами. Он выскальзывает из рук и прилетает вам прямо в лоб. Ай! Вы откладываете его на тумбочку и берете книгу, которую читаете уже несколько недель. И вот это стоило бы делать куда чаще. В идеале — каждый день.

Как чтение меняет мозг

С тех пор как я начал много читать — и одновременно почти перестал зависать в соцсетях и на Netflix, — многое изменилось. В будни по вечерам — никаких сериалов, телефон в сторону. Вместо этого — читаю книгу, обычно часа два. Несколько месяцев назад я бросил видеоигры — отчасти ради того, чтобы читать больше.

Годами я не делал ничего подобного и поэтому остро чувствую разницу. Чтение вернуло мне восхищение языком — такое, какое я помню только из детства. Каждый день — новые слова, новые обороты, радость от смешной фразы или блестяще написанного диалога. Читать мне ПРАВДА нравится.

Но дело не только в удовольствии. Способность концентрироваться на работе выросла, по ощущениям, во много раз. Я могу значительно дольше удерживать фокус на одной задаче — даже когда вокруг разговаривают. Погружаюсь, и все остальное само отступает на задний план. Результат: наушники, чтобы отгородиться от окружающих, нужны все реже.

Поскольку писать — моя профессия, я замечаю и другое: мне куда проще и быстрее удается находить нужные слова, чем полгода назад. В разговорах я ДЕЙСТВИТЕЛЬНО присутствую — не отвлекаюсь, не уплываю мыслями вдаль (не прилагая никаких усилий — у меня просто это получается). Я лучше слушаю. В беседе с несколькими людьми слежу за всеми нитями разговора. Полгода назад я часто терялся и улавливал лишь часть сказанного.

Всё это написал мне мой коллега из *Krautreporter* Мартин Гоммель — тот самый, который каждый день ходит на работу пешком. И задал вопрос: «Как такое возможно? Чтение изменило мою жизнь!» Он прав. Нейронаука доказывает: чтение не просто загружает мозг информацией — оно перестраивает сам способ его работы. Антрополог Джозеф Хенрик, автор книги «Самые странные в мире» (и книга действительно переворачивает сознание), сформулировал это в одной фразе: Мартин Лютер перепрошил ваш мозг. Переведя Библию на разговорный язык, он потребовал, чтобы каждый читал, понимал и верил сам. Но как именно чтение меняет мозг? Что при этом происходит?

В одном американском эксперименте участникам на протяжении девяти дней делали МРТ — каждое утро после того, как накануне вечером они читали очередную часть романа «Помпеи». Исследователи хотели выяснить, меняет ли чтение художественной прозы связи между зонами мозга в состоянии покоя — и если да, как долго держится эффект? Ответ — да, меняет. Ученые зафиксировали измеримые изменения. Некоторые из них были краткосрочными: области, отвечающие за понимание речи, принятие чужой точки зрения и обработку нарратива, оказались связаны теснее. Но нашлась и сеть, в которой усиленные связи сохранялись несколько дней после чтения. По мнению авторов исследования, чтение романа способно активировать нейронные цепи, связанные с телесными ощущениями, — возможно, потому что читатель мысленно «вживается» в тело главного героя. Поговорим об этом подробнее.

Чтение перепрошивает мозг — и обзорные работы это подтверждают. При чтении задействованы зрительные, слуховые и семантические зоны мозга, порой расположенные далеко друг от друга, и между ними возникают новые связи — прежде всего в белом веществе, особенно между височной долей и другими речевыми областями. Белое вещество — это, по сути, коммуникационная сеть мозга: нервные волокна (аксоны), обернутые жировой миелиновой оболочкой. Именно миелин придает ткани под микроскопом светлый цвет — отсюда и название. Если серое вещество — это тела нейронов, то белое — провода между ними.

То, что я чувствую себя более расслабленно, когда много читаю, может показаться очевидным: большинство книг я читаю в отпуске. Но, похоже, дело не только в этом. В исследовании, которое словно создано для этой главы, 96 человек намеренно подвергли стрессу — причем довольно жесткому: математические тесты, сложные задания, эмоционально тяжелый фильм. Затем участникам позволили расслабиться, но по-разному. Было сформировано четыре группы: одна занималась тайчи, вторая медитировала, третья отправилась на прогулку и четвертая читала. Правда, не роман, а нейтральный текст. После чего ученые измерили кортизол, пульс, давление и настроение.

Результат: во всех группах, включая ту, что прочитала несколько страниц, уровень кортизола заметно снизился. И это без пота, без дыхательных техник, без каких-либо навыков. Просто погружаясь в текст.

А еще лучше — читать не в одиночку. Когда вы читаете вслух ребенку, успокаиваются оба: и он, и вы. Исследование с участием почти 300 матерей из малообеспеченных семей в США показало: те, кто регулярно читал детям вслух начиная с шести месяцев, демонстрировали измеримо более низкий уровень стресса и относились к детям с большей чуткостью и теплотой. Даже когда вокруг все шло наперекосяк.

При чтении особенно активна одна зона — затылочная доля. Она расположена в самой задней части мозга, прямо над шеей, и в обычной жизни обрабатывает зрительную информацию. Но при чтении художественной прозы она работает на полную мощность — особенно когда мы представляем героев и места, описанные автором. Визуализация помогает понять текст: мозг подключает зону, которая привыкла работать с тем, что мы видим глазами. Словно говорит: «Картинки нет — включаем воображение».

Еще одно исследование показало: студенты, читавшие для удовольствия, оказались креативнее, лучше относились к преподавателям, охотнее учились и легче достигали академических целей. Если коротко: чем больше читаешь и пишешь — тем больше творческий потенциал.

Почему так происходит? Мы уже знаем: при чтении активируются и связываются друг с другом зоны мозга, которые в обычной жизни работают порознь. Новые связи — основа новых мыслей. А новые мысли — это и есть креативность.

Чтение тренирует память. Вербальное запоминание, то есть кратковременная и долговременная память, поддерживаются в тонусе. Укрепляется и рабочая память — способность удерживать информацию, пока вы параллельно решаете другие задачи. С возрастом оба типа памяти слабеют, но исследования показали: у пожилых людей, ежедневно читавших в течение восьми недель, заметно улучшились и эпизодическая, и рабочая память.

Есть данные и о том, что чтение снижает риск заболеть деменцией. Ученые проанализировали три крупных международных лонгитюдных исследования — из США, Китая и Великобритании — общей численностью свыше 30 000 участников, в среднем за семь лет наблюдений. Согласно результатам, люди с более высоким образованием и когнитивно активным образом жизни — чтение, письмо, обучение — имели значимо более низкий риск развития деменции. Чтение защищает мозг, причем не символически: эффект сопоставим с физической активностью, питанием и социальными связями. Кто читает регулярно — создает себе запас прочности на будущее.

То, что чтение расширяет словарный запас, — очевидно. Упоминаю это для полноты картины. Встречая незнакомое слово, вы сразу видите его в контексте — и это самый эффективный способ запоминания. Исследование 2015 года, охватившее детей от детского сада до 10-го класса, показало: ученики с 4-го по 10-й класс, читавшие больше сверстников, наращивали словарный запас значительно быстрее.

О деталях ученые еще спорят, но одно подтверждается раз за разом: чтение — это тренировка эмпатии. Читая, мы принимаем перспективу другого человека — героя книги. И мозг это фиксирует. Немецко-испанская группа исследователей пригласила участников на лучший, с моей точки зрения, эксперимент в мире: читать отрывки из «Гарри Поттера». Правда, лежа в томографе — так что полного читательского кайфа, вероятно, не вышло.

Участники читали эмоциональные (пугающие) и нейтральные фрагменты, после чего оценивали глубину погружения в историю. При чтении эмоциональных сцен активировались зоны, связанные с аффективной эмпатией, — прежде всего средняя поясная кора. Особенно сильной была реакция на описания боли и страданий персонажей. Иными словами, эмоционально заряженная проза включает в мозге те же системы, что и реальное сопереживание при живом общении.

Почему мы читаем иначе, чем раньше

Чтение, как мы убедились, оказывает на мозг мощное позитивное влияние. Тем удивительнее, что с точки зрения эволюции мы начали читать буквально вчера. Вид *Homo sapiens* существует около 300 000 лет — а книгопечатание Гутенберг изобрел в 1450-х. Мгновение назад.

Четыре года назад мы с другом Марко отправились в автопутешествие по Испании. Начали в Мадриде, проехали по побережью, потом через горы. Последней остановкой была Барселона. В первый же день мы дошли пешком до пляжа. У меня с собой была книга — «Что видно отсюда» Марьяны Леки. Присев на каменную стенку, я дочитал последние 30 страниц. Городской пляж, люди, солнце — ничего этого я не замечал. На последних строчках навернулись слезы. Закрыл книгу. Вау.

Книга поглотила меня целиком. Это всегда поражает: погружение в выдуманный кем-то мир, с людьми, которых нет, и событиями, которых не было. Но такое погружение — скорее исключение. Несмотря на то что я журналист и читаю целый день: новости, исследования, переписки, почту, ленту соцсетей — и нередко еще до того, как встану с кровати. Каюсь. Я даже однажды разработал для *Krautreporter* курс-рассылку о том, как меньше сидеть в телефоне. Но это не значит, что сам я безупречен. Впрочем, кое-чего я добился: в моем телефоне есть только одна соцсеть — Instagram. Остальные — только на ноутбуке и только в рабочее время (по возможности).

Дело в том, что это цифровое чтение в корне отличается от того погружения в книгу, которое я описал выше. То, *как* мы читаем, заслуживает едва ли не большего внимания, чем то, *что* мы читаем. И тут в последние годы произошли серьезные изменения. Цифровое чтение влияет на нашу память, остроту внимания и способность думать. Изменяет оно и то, как мы читаем обычные (аналоговые) книги.

Идея этой главы родилась, когда я слушал подкаст Эзры Кляйна — одного из самых известных журналистов *The New York Times*. Его гостьей была Марианна Вулф, профессор и руководитель Школы образования и изучения информации Калифорнийского университета в Лос-Анджелесе, одна из ведущих исследовательниц чтения в мире. Вулф изучает, как чтение влияет на мозг, и написала книгу «Читающий мозг в цифровом мире». Ее ключевая мысль заключается в том, что язык — естественный процесс, и в нас заложена генетическая программа для его развития. Для чтения такой программы не существует. Мы не были созданы, чтобы читать. И тем не менее — мы читаем. Мозг оказался настолько пластичен, что сумел соединить разные способности, выстроить новые цепи и — начал читать. Мы учимся читать, перепрофилируя зоны, предназначенные для других целей: для зрительного восприятия, для понимания и создания речи. Почему это важно? Потому что, как и в случае других наших способностей, эти цепи умеют перестраиваться. Что и произошло за последние годы, пока мы шаг за шагом переходили от книг к экранам.

Слово «чтение», говорит Вулф, обманчиво — оно подразумевает однозначность: мы читаем или мы не читаем. Но *чтение* может означать совершенно разные вещи и требовать разных навыков. Когда мы только учимся читать, происходит нечто важное: визуальные процессы — распознавание букв или знаков, сборка их в слово — соединяются с тем, что мы уже знаем об этом слове. Зрение встречается с языком. Наука называет это декодированием. Но на этом процесс не останавливается. Цепи продолжают расширяться. Чем больше мы знаем, тем больше звеньев к ним добавляется. Чем шире фоновые знания, тем изощреннее становятся связи. Самое интересное в чтении, по мнению Вулф, — оно строится на всей информации, которой мы обладали раньше.

Участвовать в тексте можно на разных уровнях. На одном из них мы принимаем чужую перспективу: входим в мир мыслей персонажа и в его чувства. Это погружение, и оно выходит далеко за пределы декодирования. Читая, я иногда ловлю себя на этом: возникает ассоциация, я останавливаюсь, потому что испытываю озарение по поводу того, что я читал давно, но не понимал раньше. Мы уже знаем: при таком чтении мозг активируется почти целиком. Не одна-две зоны, а множество — в обоих полушариях.

Чтение напоминает фейерверк в мозге. В этом состоянии активируется многое из того, что мы помним, — но и то, что выходит за пределы памяти: возникают новые связи. А новые связи, как мы уже выяснили, — основа нового мышления, настоящего понимания, креативности. Проблема в том, что мне все труднее достигать этого состояния — *глубокого чтения*. Когда я читаю с экрана — а это, как уже сказано, несколько часов ежедневно, — я читаю иначе. Сканирую. Читаю по диагонали. И, по словам Вулф, у этого есть последствия.

Когда мы сканируем текст или скроллим его, мы упускаем детали. При чтении бумажной книги — сами того не замечая — мы постоянно возвращаемся, перечитываем, движемся по тексту вперед и назад. Лавируем. И именно это позволяет по-настоящему проникнуть в прочитанное.

Цифровое чтение — это чтение мультимедийное: гиперссылки, анимация, интерактивные графики. Все это нагружает мозг — и прежде всего отвлекает. С экрана мы читаем, как правило, быстрее, чем с бумаги, а исследования показывают: чем быстрее чтение, тем хуже понимание. Вулф формулирует жестко: многие из нас вернулись к самой примитивной форме чтения — скольжению по поверхности, при котором текст почти не задерживается в памяти. Мы читаем меньше того, что написано, даже если дочитали до конца.

Когда мы скроллим, у нас нет визуальных якорей. На экране нет границ страницы, — а именно они создают ощущение места. Читая книгу, вы помните, был ли определенный текст вверху или внизу страницы, ближе к началу или к концу. Такие ориентиры помогают памяти: текст не только читается, но и размещается в пространстве. У книги есть внутренняя карта. А мозг, как мы знаем, любит карты.

Можно сделать важный вывод: время, проведенное с текстом, обладает большой ценностью. Поэтому я лично не признаю приложения вроде Blinkist, которые сжимают книги до ключевых тезисов. Кому-то нравится — можно быстро получить обзор, ухватить суть. Но Вулф возражает: даже если книгу можно было бы сократить без потери содержания, часть ее ценности — в самом времени, проведенном с текстом. Чувства, которые мы переживаем в процессе, переживания, которые пробуждает автор, — это не побочный продукт, а часть познания. И мне кажется, она права.

Как вернуть себе сосредоточенное чтение

Сразу оговорюсь: я далек от того, чтобы призывать вернуться назад, в мир без экранов, где существуют только аналоговые книги. Вся моя профессия держится на цифровом чтении, и я не хочу даже представлять, каково было бы работать без ноутбука и телефона. Но меня раздражает, что глубокое, по-настоящему сосредоточенное чтение дается мне сегодня труднее, чем раньше. И в этом я не одинок. Когда я спросил своих подписчиков, стало ли им сложнее полностью погружаться в текст, «да» ответили около 74% — более чем из 3000 человек. Для всех, кому это знакомо, я пробежал глазами (да, именно пробежал глазами, а не прочитал вдумчиво) исследования и статьи о влиянии чтения на мозг. И нашел кое-что полезное. Получилась инструкция из четырех шагов, как вернуть себе навык сосредоточенного чтения в цифровом мире.

Во-первых, определите, зачем вы читаете. Если задача — быстро ухватить суть новости или сюжета, сканирование и скроллинг вполне подойдут. Но если вам важно разобраться в сложной аргументации, стоит читать строку за строкой. И делать паузы — чтобы осмыслить прочитанное.

Во-вторых, нужно приложить усилие. Если цель — проникнуть в текст по-настоящему, одного чтения недостаточно. Делайте заметки, обсуждайте прочитанное, проверяйте себя. Чтение — часто лишь начало пути к пониманию.

В-третьих, уделите чтению время. Если замечаете, что быстрый темп мешает пониманию, — замедлитесь. Темп должен задавать текст, а не желание поскорее разделаться с ним.

В-четвертых, создайте условия. Если читаете с экрана компьютера — отключите уведомления, закройте лишние вкладки, уберите телефон. Британские исследователи обнаружили, что даже выключенный (!) телефон на столе снижает концентрацию, пока мы пытаемся сосредоточиться на задаче.

В том же подкасте Вулф рассказала Эзре Кляйну, как она сама встраивает глубокое чтение в повседневность. Каждое утро она 20 минут посвящает нехудожественному тексту. То же — вечером. Еще она советует найти в каждом своем дне тайный уголок — 10 минут, 20 — и уйти туда. С книгой, с музыкой, с чем угодно, что дает возможность вспомнить, кто вы. Кто вы в лучшем своем проявлении.

Возможно, звучит пафосно. Но прежде всего — кажется, это хорошая привычка. А с привычки, как мы уже знаем, начинаются перемены.

Как мозг обрабатывает аудиокниги

Ого — уже так поздно? Читать дальше вы не в состоянии. Но и заснуть пока не получается. Вы включаете аудиокнигу, укутываетесь в одеяло и закрываете глаза.

В последнее время я делаю так все чаще. Годами я засыпал под подкасты, но подкасты непредсказуемы. Никогда не знаешь, когда ведущие вдруг расхохочутся или из засады выскочит реклама: кто-то восторженно расскажет, какой невероятный — и, Боже мой, какой выгодный! — новый мобильный тариф. А вы уже пробовали Hello Fresh? Промокод прямо сейчас! Вау! Такие перебивки не раз будили меня, стоило мне начать засыпать.

Аудиокниги — другое дело. Без звуковых эффектов, без рекламы. Интересная — хорошо слушается. Скучная — идеальна для засыпания. Тише, спокойнее, серьезнее. Я слушаю нон-фикшн: такую информацию я хочу получать, даже если после восьмичасового рабочего дня нет сил сесть в кресло и читать глазами. А так бывает часто. Какая, в конце концов, разница — прочитать или послушать? Памяти ведь все равно, откуда пришла информация. Так я думал. Но, разумеется, нашлись те, кто решил это проверить. И результаты оказались не столь однозначными, как хотелось бы. Хотя дело не столько в самом мозге, сколько в обстоятельствах, в которых мы слушаем.

Но начнем с того, что происходит в мозге. Главный вопрос: обрабатывает ли мозг прочитанное иначе, чем услышанное? Ответ — нет. По крайней мере, так утверждает Фатма Дениз, нейроученый и когнитивист, исследующая связи между языком, мозгом и информатикой. С 2013 по 2020 год она работала в Калифорнийском университете в Беркли, сейчас является вице-президентом Берлинского технического университета. После исследования 2019 года Дениз, как написал *Zeit Online*, стала «главным свидетелем защиты» для всех, кто предпочитает аудиокниги. Как ей это удалось?

Участники ее эксперимента сначала слушали эпизоды из серии подкастов, а затем читали тот же текст на бумаге — лежа в томографе. Когда команда сгруппировала слова по категориям и сравнила активность мозга при чтении и слушании, результат оказался однозначным: активируются одни и те же зоны. Особенно на уровне глубокой обработки — там, где информация обретает смысл. И это логично. На входе каналы могут быть разными: при чтении — это глаза, первичная зрительная кора и все зоны, превращающие визуальные стимулы в осмысленную картину (мы говорили о них во второй главе). При слушании — уши и слуховая кора. Но дальше, на более глубоких уровнях обработки, пути, судя по всему, сходятся. Неважно, прочитали вы слово или услышали, — в какой-то момент сигнал оказывается в одних и тех же зонах, которые придают ему значение.

Впрочем, окончательно это не доказано. Вы не чувствуете, какие зоны мозга активны, когда читаете или слушаете. И даже если бы чувствовали — это еще не значит, что понимание текста одинаково. А именно понимание команда Дениз не проверяла.

Большинство исследователей, однако, приходят к другому выводу: при чтении мы запоминаем лучше. Например, в эксперименте 2013 года студенты в случайном порядке выполняли три задания: читали текст вслух, про себя или слушали. Затем ученые проверяли, насколько они поняли текст, запомнили определенную информацию и насколько они при этом «витали в облаках». Оказалось, что максимальный уровень рассеянности студенты продемонстрировали, когда слушали. Интерес к содержанию был ниже, результаты тестов — хуже.

Но если мозг обрабатывает информацию одинаково — почему получаются разные результаты? Ответ кроется, похоже, не в мозге, а в обстоятельствах.

Начнем со слушания. Я слушаю нон-фикшн не только в кровати. В том-то и прелесть: руки свободны. Я слушаю книги и подкасты, пока мою посуду, готовлю, занимаюсь уборкой, веду машину, еду на велосипеде (только никому не говорите!), играю, еду в метро — и иногда даже параллельно читаю что-то на телефоне. Но именно в этом и ловушка. Когда руки и внимание заняты другим, на слушание остается меньше ресурсов. Мозг не умеет по-настоящему работать в режиме многозадачности — сколько бы мы ни убеждали себя в обратном.

Нейронаука делает два ключевых вывода. Первый: при одновременном выполнении двух задач страдает как минимум одна. Параллельно — всегда хуже, чем последовательно. Об этом стоит помнить каждому, кто разговаривает по телефону за рулем — даже по громкой связи. Если внимание сосредоточено на разговоре, концентрация на дороге падает. Всегда. Второй вывод: выполняя несколько задач, мы хуже запоминаем.

Когда мы читаем, таких проблем не возникает. Наоборот — есть преимущество: если вы не поняли фрагмент, можете вернуться и перечитать. Второй раз, третий, если нужно. Исследования подтверждают: повторное чтение значимо улучшает понимание. Выходит, слушать нон-фикшн — затея сомнительная. Отвлечься от романа на едкий лук, который вы режете, — полбеды. Но в научно-популярной книге можно пропустить ключевое объяснение — и потом гадать, что вообще имел в виду автор.

Пожалуй, стоит пересмотреть привычки. Можно слушать романы и подкасты ради развлечения. А для нон-фикшна лучше усесться в кресло, в тишине, с книгой в руках. И еще: чтение или аудиокнига перед сном — отличная привычка. Хотя бы потому, что яркий экран телефона не будет внушать мозгу, что день еще в самом разгаре.

23:00

ВОТ ТЕПЕРЬ ТОЧНО ПОРА СПАТЬ

Почему в стрессе мы спим хуже

Каждое лето я еду в палаточный лагерь — это больше 150 детей и подростков. Уже этого достаточно, чтобы сон пострадал: длинные вечера, короткие ночи, ранний подъем. Но мало того — я за эту лавочку еще и отвечаю. Как руководитель смены я вместе с двумя коллегами организую лагерь: набираю 30 вожатых, составляю программу на две недели, распределяю задачи и на месте являюсь главным абсолютно по всему. Когда начинать игру. Что делать с мальчиком, который хулиганит. Или с девочкой, которая скучает по дому. Отправлять ли домой компашку, пойманную за курением. Разжигать гриль в шесть или в восемь. Я не могу пройти двух метров по лагерю, чтобы кто-нибудь не задал вопрос или не потребовал решения. Обожаю жизнь в лагере. Но не вечный стресс.

Как вы уже убедились, стресс влияет на все сферы: здоровье, давление, самочувствие. И — к сожалению — на сон. Но почему? Коротко напомню механизм, который мы уже разбирали в главе о стрессе и еде. Когда мозг сталкивается с угрозой, он запускает реакцию «бей или беги»: адреналин, скачок давления, мышечное напряжение, учащенное дыхание, рост пульса и уровня сахара в крови. Логика проста: стресс — это опасная ситуация. Или, по крайней мере, ситуация, которую мозг считает опасной, даже если объективно она такой не является. Тело мобилизуется, чтобы мы могли убежать и спастись. В общем-то, великолепный механизм.

Но в современной жизни нам редко грозит реальная опасность. Стресс, с которым мы сталкиваемся, — почти всегда психологический. Не физическая угроза, но ощущение, что нас поставили в трудное положение: мы боимся опозориться у доски, потерять работу, не оплатить очередной счет — или отвечать за все, что творят полторы сотни детей и тридцать вожатых вокруг тебя. Физический и психологический стресс запускает в мозге не идентичные, но очень похожие реакции.

Но есть кое-что, о чем я до сих пор умалчивал. Миндалевидное тело — мы уже знаем, что при стрессе активируется именно оно, — возбуждает и зоны, участвующие в цикле «сон — бодрствование». Эти области заливает потоком нейромедиаторов: дофамин, серотонин, норадреналин. Они отвечают за то, чтобы вы собрались и смогли справиться с ситуацией. Мы это уже разбирали: давление, мышечное напряжение, дыхание, пульс, сахар в крови — все растет.

Вторая часть реакции тоже знакома: ГГН-ось — каскад «гипоталамус → гипофиз → надпочечники». Один из ее ключевых продуктов — кортизол, который при стрессе выбрасывается в больших количествах. И кортизол напрямую вмешивается в ритм сна и бодрствования. В норме к вечеру его уровень снижается — мозг готовится ко сну.

Но у людей с бессонницей вечерний кортизол повышен. Результат: частые пробуждения и поверхностный сон.

И вот вы уже внутри порочного круга: стресс портит сон, плохой сон усиливает стресс. Спасибо, не надо. Зато те, кто спит хорошо, испытывают меньше негативных эмоций и быстрее приходят в себя после стрессовых событий. Хороший сон окупается вдвойне. Как минимум. Потому что есть еще одна причина хорошо спать — и здесь замыкается круг, о котором мы говорили в главе о пищевых привычках.

Почему недосыпание ведет к нездоровому питанию

Возможно, вам это знакомо. Вы твердо решили питаться здоровой едой. Вы ворочаетесь полночи, не можете заснуть, просыпаетесь разбитым — и вместо правильного завтрака тянетесь к хлебу с нутеллой, о котором мы говорили в начале книги. Люди, которые мало спят, больше съедают и выбирают пищу более калорийную и менее сбалансированную. Это подтверждено столькими исследованиями, что напрашивается вывод: тем, кто хочет похудеть и плохо спит, прежде всего нужно наладить сон, а не рацион.

Начнем с наделавшего шуму исследования Чикагского университета 2004 года. 12 молодых здоровых мужчин спали две ночи подряд либо по восемь часов, либо по четыре часа. Затем у них взяли анализ крови и попросили оценить собственное чувство голода. Результат: после четырех часов сна уровень лептина — гормона сытости — упал на 18%. Грелин — гормон голода — вырос на 28%. Участники эксперимента отмечали резко усилившийся аппетит и тягу к калорийному — сладкому и жирному. Тело переключилось с режима «хочу есть» в режим «хочу награду».

Такие результаты, полученные в лаборатории, подтвердило масштабное американское исследование: анализ данных более 6000 человек из общенациональной выборки. Оказалось, что те, кто меньше спал, чаще ели вне дома, покупали полуфабрикаты и фастфуд. Особенно люди с хроническим дефицитом сна — они употребляли готовую пиццу, картошку фри, замороженные полуфабрикаты. Недосыпание меняет не только гормоны — оно определяет наши предпочтения в еде. В реальной жизни, не в лаборатории.

Это касается и детей. Эксперимент с участием более 100 учеников младших классов в Новой Зеландии показал: всего один час недосыпания за ночь — и дети начинали есть более жадно, потребляя больше калорий из ультрапереработанных продуктов: чипсов, сладостей, газировки. Они ели не от голода — а от усталости и раздражения. И такой эффект давали всего несколько ночей.

Все эти данные, впрочем, могут указывать и на более глубокую причину: сон влияет на самоконтроль и дисциплину в целом — качества, без которых трудно устоять перед шоколадкой.

Что происходит с мозгом при недосыпании

Мы уже убедились, насколько сложна структура силы воли и сколько факторов на нее влияют. Нездоровое питание — далеко не единственное последствие плохого сна. Остальные пусть послужат предупреждением. Для этого — заключительная история. История Рэнди Гарднера.

В 1965 году семнадцатилетний Рэнди решил проверить пределы возможностей не только собственного тела, но и человеческого организма в целом. А заодно — установить мировой рекорд по бодрствованию. Научным руководителем эксперимента стал Уильям Демент, исследователь сна, которого мы знаем с первой главы, — один из первооткрывателей фазы быстрого сна. Рэнди продержался 264 часа — 11 суток. Цель была не только установить рекорд: ученые хотели понять, что происходит с телом и разумом при полном отсутствии сна.

Эксперимент начался 28 декабря 1963 года в Сан-Диего. Врачи регулярно осматривали Рэнди, фиксируя когнитивные, моторные и эмоциональные изменения: тесты на память, устный счет, распознавание предметов на ощупь. Ассистенты следили, чтобы он случайно не заснул. По мере эксперимента Рэнди демонстрировал впечатляющую физическую выносливость — и одновременно происходило ментальное разрушение. Через два–три дня у него начались проблемы с концентрацией, ухудшилась моторика. Скороговорки давались с трудом. Через четыре–пять дней появились галлюцинации: баскетболистка, которая якобы его преследует; уличные фонари, превращающиеся в людей. Через шесть–семь — раздражительность, паранойя, конспирологические мысли, провалы в памяти, потеря ориентации. К десятому–одиннадцатому дню — спутанность сознания, неспособность выполнить простейшие задания. Рэнди был уверен, что он знаменитый футболист. Речь становилась все бессвязнее.

После эксперимента Рэнди сделал то, что сделал бы любой: проспал 14 часов. А затем довольно быстро восстановил обычный ритм сна. Вот это самоотдача.

Сегодня вряд ли разрешат провести такой эксперимент — тем более с участием подростка. Но ученые сделали ценные выводы. Недосыпание сильно бьет по мозгу: страдают когнитивные способности и эмоциональное здоровье. Мы хуже учимся, хуже запоминаем, хуже соображаем и медленнее реагируем. Разберемся, что происходит.

Вы наверняка замечали: после бессонной ночи почти невозможно сосредоточиться. Исследования это подтверждают. Замедляется не только тело — замедляется и мышление. Участникам экспериментов после лишения сна требовалось значительно больше времени на принятие решений по сравнению с их же результатами в отдохнувшем состоянии. Ухудшались и показатели рабочей памяти — той самой функции, которая нужна, чтобы удерживать, сравнивать и обрабатывать информацию на лету. Особенно трудно давались сложные задачи, где нужно держать в голове несколько вещей одновременно. Усталость как будто размывает мышление: контуры остаются, но резкости нет.

В другом эксперименте 13 молодых здоровых взрослых не спали 35 часов — и все это время проходили фМРТ. Ученые пытались ответить на вопрос, как недосыпание влияет на способность учиться. Участники заучивали список слов и потом воспроизводили по памяти, а исследователи наблюдали за мозгом. Поначалу результат озадачил: после бессонной ночи префронтальная кора работала активнее, а височная доля — слабее. При этом обнаружилась закономерность: чем сильнее активировалась теменная доля, тем лучше человек запоминал — даже без сна. Исследователи объясняют это компенсацией: мозг перебрасывает ресурсы в другую область, чтобы продержаться. Вероятно, эксперимент зафиксировал именно тот короткий промежуток, когда мозгу это еще удавалось. В краткосрочной перспективе это спасает. В долгосрочной — это путь к перегрузке.

Пойдем дальше. Исследователи из Мэриленда прицельно изучили, как недосыпание влияет на эмоциональный интеллект и конструктивное мышление. 26 здоровых взрослых прошли тестирование дважды: в отдохнувшем состоянии и после 55 часов без сна. Стандартизированные опросники измеряли, насколько хорошо человек справляется с собственными эмоциями и как ведет себя в общении с окружающими.

Если после плохой ночи вы чувствуете себя более раздражительным, рассеянным, менее дипломатичным — вот научное обоснование, почему так происходит. После лишения сна участники показали измеримо худшие результаты по нескольким параметрам эмоционального интеллекта. Сильнее всего пострадали контроль импульсов, эмпатия, самовосприятие и способность регулировать стресс. Снизилась даже готовность к позитивной самомотивации и поиску решений. Исследователи объясняют, что мозг пытается удержать контроль, но ресурсы префронтальной коры не бесконечны. В какой-то момент их не хватает — и мышление начинает давать сбои. Человек быстрее срывается, хуже учитывает интересы других, легче выплескивает раздражение. Если в следующий раз вы резко поссоритесь с кем-нибудь или дадите себя спровоцировать — возможно, дело не в вашем дурном характере. А в том, что вы просто не выспались.

Столь негативное влияние недосыпания показывает, насколько важен сон. Треть жизни мы проводим во сне. Это не случайность. Мы уже знаем из первой главы: сны — это ночная терапия, они формируют нашу идентичность. Нам известно, насколько необходим сон для памяти. Когда сна не хватает, из равновесия выходит сложнейшая система. Вот ее ключевые элементы.

Во время сна глимфатическая система — по сути, мусоровоз мозга — вывозит продукты обмена, в том числе бета-амилоид (белок, связанный с болезнью Альцгеймера). В отличие от настоящего мусоровоза, этот ночью работает лучше всего. При недосыпании отходы остаются — как баки, которые забыли забрать. Передача сигналов между нейронами ухудшается, риск нейродегенеративных заболеваний растет.

Префронтальная кора — центр принятия решений, контроля импульсов, устранения проблем — к недосыпанию особенно чувствительна. Когда мы недосыпаем, нарушается ее связь с остальными зонами мозга.

Сон необходим и для поддержания нейропластичности мозга: формирования новых связей, укрепления нужных, ослабления лишних. Во время глубокого сна свежая информация переносится в неокортекс — эволюционно самую молодую часть коры — и закрепляется. Без сна этот процесс обрывается, и память страдает. Есть и еще один механизм — синаптическое восстановление. За день связи между нейронами усиливаются; ночью мозг целенаправленно их ослабляет, чтобы не перегрузиться. Этот ночной «перерасчет» поддерживает баланс и обеспечивает ясность мышления на следующий день.

Наконец, недосыпание нарушает баланс нейромедиаторов, от которых зависят настроение, внимание и мышление. Пример — дофамин. Недосыпание на короткое время повышает его активность: отсюда ощущение бодрости и даже эйфории после бессонной ночи. Но в долгосрочной перспективе это ведет к истощению — и подрывает мотивацию и систему вознаграждения.

Недосыпание нарушает и обмен глюкозы в мозге. Особенно страдают таламус, базальные ганглии, белое вещество и мозжечок — зоны, где ясность мышления нужна в первую очередь. Возникает локальный энергодефицит, который не позволяет успешно справляться с задачами, требующими внимательности.

И последнее. Миндалевидное тело — центр обработки эмоций — при недосыпании разгоняется до 60% сверх нормы. А префронтальная кора, которая его сдерживает, наоборот, ослабевает. В итоге усиливаются эмоциональные реакции на негатив — контроля становится меньше, всплесков больше.

Думаю, дополнительные аргументы в пользу сна вам уже не нужны. И все-таки заснуть и не просыпаться среди ночи — для многих, включая меня, задача непростая. Увы, зная все это, я по-прежнему не идеален в том, что касается гигиены сна. Нет-нет да и беру в руки телефон перед сном. Или решаю посмотреть еще одну серию — ту самую, на которую днем не хватило времени. Именно поэтому я подробно изучил исследования, которые предлагают методы хорошего сна при стрессе, — чтобы разорвать порочный круг «мало сна → больше стресса → еще меньше сна».

Первое, что действительно помогает, — ложиться и вставать в одно и то же время. Каждый день. Даже по выходным. У меня есть друг, который каждый вечер ровно в десять уже лежит в кровати. Мы всегда над ним подшучивали. А зря: лучшей стратегии не придумать. Стабильный ритм сна и бодрствования — сам по себе защита от стрессовых сбоев.

В спальне должно быть темно. По-настоящему темно. Свет — сигнал мозгу: пора бодрствовать. У меня долго висели шторы, пропускавшие немного света. Я был уверен, что это ерунда, — подумаешь, чуть светлее по утрам. Но каждый раз, оставаясь у подруги, я спал заметно дольше.

В ее комнате благодаря рулонным шторам было темно как в пещере.

Помогает и осознанность. Перед сном нужно расслабиться: глубокое дыхание, медитация, что угодно, что вас успокаивает.

Про экраны я уже говорил: яркий свет телевизоров, телефонов, ноутбуков и планшетов сбивает внутренние часы. Организм начинает выбрасывать не те гормоны не в то время. Но дело не только в свете. Соцсети устроены так, чтобы усиливать негатив: алгоритмы продвигают посты, в которых люди злятся и возмущаются. Вечером, когда мы хотим успокоиться, это не проходит бесследно.

Еще одно правило: не лежите в кровати без сна. Если не можете заснуть — встаньте, займитесь чем-нибудь скучным. Ложитесь снова, только когда глаза снова начинают слипаться. Так мозг усваивает, что кровать предназначена только для сна (а не для бесконечных размышлений).

И последнее. Если вы и так хорошо спите — забудьте все вышесказанное и ничего не меняйте. *Работает — не трогай.* Мало что поможет так же хорошо, как распорядок, который вам подходит.

НЕСКОЛЬКО МЫСЛЕЙ НАПОСЛЕДОК

Три часа ночи. Вы лежите в кровати уже четыре часа, и ваше тело давно успокоилось. Грудная клетка мерно поднимается и опускается — вы делаете в среднем 12–16 вдохов в минуту. Ровное, едва слышное дыхание несет вас сквозь ночь. Мышцы расслаблены; если вы и шевелитесь, то лишь вздрагиваете во сне (или ненадолго выныриваете из забытья — и тут же, толком не проснувшись, переворачиваетесь на другой бок)…

Шучу. «День сурка» не начнется. Хотя это было бы логично. За время чтения этой книги вы прожили день, который в том или ином виде повторяется регулярно: сон, пробуждение, кофе, завтрак, дорога на работу, концентрация, спорт, пиво с другом, телефон, несколько страниц перед сном. Но теперь вы знаете, что в это время происходит в мозге — и как использовать это знание себе на пользу.

Как я говорил в предисловии, каждый мозг уникален. Возможно, в каких-то примерах вы не узнали себя. Может быть, у вас СДВГ, расстройство аутистического спектра, диспраксия, посттравматическое расстройство или повышенная чувствительность. Все это может означать, что описанные ситуации вам незнакомы или переживаются совсем иначе. Только в последние полтора десятилетия такие неврологические особенности стали восприниматься как естественные вариации, а не отклонения. Нейроразнообразие во всех его формах влияет на восприятие, мышление, обучение, поведение, социальное взаимодействие. Но в любом случае очевидно: не существует двух людей с одинаковым мозгом. У каждого он работает чуть по-своему. Поэтому одни советы вам подойдут, другие — нет. Зато наблюдать за собственным мозгом в повседневности, вооружившись знаниями из этой книги, — увлекательнейшее занятие.

Да, мозг при этом наблюдает сам за собой — и это, если задуматься, порождает неплохие философские вопросы. Но попробуйте в следующий раз за кружкой пива вспомнить, как алкоголь замедляет передачу сигналов. Если однажды утром пойдете на работу пешком — проверьте, легче ли будет потом сосредоточиться. После тренировки обратите внимание на настроение. За чашкой кофе представьте, как кофеин садится на аденозиновые рецепторы и не дает вам уснуть. Может быть, какое-то из этих знаний поможет вам наладить здоровое питание, больше двигаться или лучше спать. Потому что ясно одно: кто знает свой мозг — тот имеет преимущество.

БЛАГОДАРНОСТИ

Эта книга — результат трех лет работы. Столько прошло с тех пор, как я решил привнести свое увлечение мозгом студенческих лет в работу журналиста. За это время меня поддержало так много людей, что кого-то я наверняка забуду упомянуть. Но попробую перечислить всех — двигаясь назад во времени. Спасибо моему редактору Ильке Хайнеманн. После первого же телефонного разговора я понял: мы должны работать вместе. Лучшего сопровождения для этой книги я не мог бы пожелать. Спасибо всей команде издательства Kiepenheuer & Witsch — тем, кто занимался обложкой, графикой, продвижением. Я чувствовал, что я в надежных руках. Спасибо моему агенту Еве Семитзиду — профессионалу до мозга костей. Без тебя у меня не хватило бы смелости даже на идею. Спасибо Себастьяну Эссеру: три года назад, когда я вынашивал план рассылки «Жизнь мозга», ты дал мне главный совет — просто начать. Спасибо коллеге из *Krautreporter* Терезе Бойерляйн: ты подбрасываешь мне идеи для рассылки и подкаста с такой частотой, что я не понимаю, почему ты не ведешь их сама. Спасибо Франциске Блум, Томасу Кнюверу и Даниэлю Фине из *Die Goldener Blogger*: если бы вы — жюри и зрители — не назвали «Жизнь мозга» рассылкой года, подкаста (точно) не было бы да и книги (возможно) тоже. Ваша церемония вручения премии совершенно безумна. Я ее обожаю. Спасибо Дине Ротенберг, Виоле Функ, Денису Хюртеру, Йенсу Тиле, Мерле Хёниг, Марку Юбелю,

Изабель Вооп, Юлиусу Вуссманну, Хакану Халачу и всем из *ACB Stories*. Я и не догадывался, что мой «бюллетень нерда» может быть таким классным. Спасибо друзьям, которые часами сидели со мной в пивных и присылали сообщения, перебирая варианты названий и глав. Спасибо, Анна, за твою одержимость гипоталамусом. Спасибо, Тони, за терпение и поддержку.

И последнее — самое важное. Спасибо, мама. Спасибо, папа. За то, что на вашей полке стояла книга «Медицина для образования», которая 16 лет назад зажгла во мне интерес к мозгу. И за то, что, какой бы идеей я ни увлекся, я всегда думаю одно и то же: «У меня получится. А если нет — тоже не страшно». Эту уверенность дали мне вы. На том стою.

ГЛОССАРИЙ

Автобиографическая память — часть памяти, хранящая личные переживания и опыт.

Аденозин — молекула, которая накапливается в мозге во время бодрствования и создает давление сна (потребность во сне).

Аденозинтрифосфат (АТФ) — молекула, служащая основным энергетическим хранилищем клеток и обеспечивающая множество биохимических процессов.

Адреналин — гормон и нейромедиатор, который при стрессе обеспечивает быструю энергию, повышает частоту сердечных сокращений и артериальное давление.

Аксон — длинный отросток нервной клетки, проводящий электрические сигналы к другим клеткам.

Аллостаз — динамический процесс поддержания внутренней стабильности (гомеостаза) путем гибкой адаптации к нагрузкам.

Амигдала (миндалевидное тело) — миндалевидная структура в височной доле, играющая центральную роль в обработке эмоций, прежде всего страха и восприятия угрозы.

Астроциты — звездообразные глиальные клетки, поддерживающие нервные клетки, сохраняющие химическое равновесие мозга и участвующие в обработке информации.

Аудиторная кора (слуховая кора) — область в височной доле, обрабатывающая слуховые раздражители.

Ацетилхолин — нейромедиатор, который среди прочего управляет мышечными сокращениями и играет важную роль в процессах, связанных с вниманием, обучением и формированием памяти.

Базальные ганглии — глубинные ядерные структуры мозга, участвующие в отборе движений, моторном обучении и формировании привычек.

Бета-амилоид — фрагмент белка, способный при болезни Альцгеймера откладываться в мозге в виде бляшек.

Бледный шар (*globus pallidus*) — часть базальных ганглиев, участвующая в координации движений и управлении действиями в зависимости от мотивации.

Блуждающий нерв (вагус) — черепной нерв, регулирующий множество жизненно важных функций (сердцебиение, дыхание, пищеварение и пр.) и играющий центральную роль в обработке стресса.

Вазопрессин — гормон, регулирующий водный баланс и артериальное давление и влияющий на социальное поведение.

Вентральная область покрышки — область среднего мозга, высвобождающая дофамин для вознаграждения и мотивации.

Вентральный путамен — часть базальных ганглиев, участвующая в вознаграждении, мотивации и планировании целенаправленных движений.

Височная доля (темпоральная доля) — область коры больших полушарий, участвующая в обработке слуха, речи и памяти.

ГАМК (гамма-аминомасляная кислота) — тормозящий нейромедиатор, снижающий возбудимость нервных клеток мозга.

ГГН-ось (гипоталамо-гипофизарно-надпочечниковая ось) — гормональная связь, особенно активная в стрессовых ситуациях.

Гематоэнцефалический барьер — барьер между кровотоком и мозгом, защищающий его от вредных веществ.

Гипоталамус — область мозга, управляющая гормональными процессами, температурой, голодом, жаждой и сном.

Гипофиз — гормональная железа в мозге, выполняющая центральные управляющие функции роста, размножения и обмена веществ.

Гиппокамп — глубинная структура мозга, критически важная для сохранения новых воспоминаний и пространственной памяти.

Глиальные клетки (глия) — ненейронные клетки, обеспечивающие структурную поддержку и снабжение питательными веществами; участвуют в обработке информации.

Глутамат — возбуждающий нейромедиатор мозга, поддерживающий процессы обучения и памяти.

Гомункулус — схематическое изображение распределения нервных клеток мозга по частям тела.

Гормон — биохимический посредник, передающий сигналы между тканями, органами и внутри мозга.

Грелин — гормон, синтезирующийся преимущественно в желудке, который усиливает чувство голода через воздействие на гипоталамус.

Долговременная память — хранилище мозга, в котором информация сохраняется на длительные сроки.

Дофамин — нейромедиатор, важный для вознаграждения, мотивации и управления движениями.

Дугообразное ядро (*nucleus arcuatus*) — область гипоталамуса, участвующая в регуляции голода, сытости и высвобождения гормонов.

Затылочная доля (окципитальная доля) — часть коры, отвечающая преимущественно за обработку зрительной информации.

Зеркальные нейроны — нервные клетки, активирующиеся как при выполнении, так и при наблюдении за действием. Поддерживают социальные способности и обучение.

Зона Вернике — область в левой височной доле, важная для понимания речи.

Зрительная кора — часть затылочной доли, обрабатывающая зрительную информацию.

Инсулин — гормон, регулирующий уровень сахара в крови и влияющий на рост клеток.

Интероцепция — восприятие внутренних состояний тела (сердцебиения, дыхания, наполнения желудка и пр.), способствующее эмоциональному самосознанию.

Консолидация — процесс перевода вновь выученной информации в долговременную память.

Кора больших полушарий (кортекс) — наружный слой мозга, отвечающий за восприятие, сознание, речь и мышление.

Кортизол — гормон стресса, влияющий на множество обменных и иммунных функций.

Кратковременная память — часть памяти, удерживающая ограниченный объем информации в течение нескольких секунд или минут.

Лептин — гормон жировых клеток, регулирующий чувство сытости.

Лимбическая система — сеть глубинных структур мозга, участвующая в обработке эмоций, памяти и мотивации.

Лобная доля (фронтальная доля) — передняя часть коры, участвующая в планировании, решении задач и контроле импульсов.

Магнитно-резонансная томография (МРТ) — метод визуализации органов и тканей с помощью магнитных полей и радиоволн.

Метаанализ — метод систематического обобщения результатов нескольких исследований.

Миелин — жировая изолирующая оболочка вокруг аксонов, повышающая скорость передачи сигналов.

Микроглия — иммунные клетки центральной нервной системы, отвечающие за защиту и удаление клеточных остатков.

Мозжечок — структура, управляющая координацией движений, равновесием и мелкой моторикой.

Мозолистое тело (*corpus callosum*) — пучок волокон, соединяющий левое и правое полушария мозга и обеспечивающий обмен информацией.

Моторная кора — область коры, которая планирует движения тела и управляет ими.

Нейрогенез — образование новых нервных клеток, которое происходит преимущественно в гиппокампе (в том числе во взрослом возрасте).

Нейродегенеративные заболевания — болезни, при которых прогрессируют повреждения и гибель нервных клеток.

Нейромедиаторы (нейротрансмиттеры) — химические посредники, передающие информацию между нервными клетками. Бывают возбуждающими (например, глутамат) или тормозящими (например, ГАМК).

Нейроны — специализированные клетки, которые передают и обрабатывают информацию при помощи электрических и химических сигналов.

Нейропептиды — белковые молекулы, которые выполняют роль медиаторов и регулируют функции организма.

Нейропластичность — способность мозга структурно и функционально изменяться под влиянием опыта.

Норадреналин — нейромедиатор и гормон, поддерживающий внимание, состояние бодрости и стрессовую реакцию.

Окситоцин — гормон, способствующий формированию социальных связей, доверия и близких отношений.

Опиоиды — вещества, которые прикрепляются к специальным рецепторам мозга, обладают выраженным обезболивающим эффектом и вызывают эйфорию.

Орексин — нейропептид, регулирующий бодрствование и аппетит.

Островковая кора (инсула) — часть коры, участвующая в восприятии тела, эмоциях и принятии решений.

Первичная зрительная кора — первая область в затылочной доле, обрабатывающая базовую визуальную информацию.

Поясная кора (цингулярная кора) — область, участвующая в эмоциональной оценке, внимании и обработке боли.

Премоторная кора — область коры, подготавливающая двигательные программы.

Префронтальная кора — передняя часть коры, участвующая в сложных мыслительных процессах, планировании, поиске решений и социальном поведении.

Прилежащее ядро (*nucleus accumbens*) — структура системы вознаграждения, влияющая на мотивацию и удовольствие.

Рабочая память — система кратковременного хранения и обработки информации для сложных задач.

Рецепторы — белки, распознающие сигнальные молекулы и запускающие процессы внутри клетки.

Сенсорная память — хранилище непосредственных сенсорных впечатлений на короткое время; первая ступень обработки информации.

Серое вещество — мозговая ткань, состоящая преимущественно из тел нервных клеток, которая отвечает за обработку информации. Напоминает складки тонкого одеяла, которое покрывает головной мозг, но встречается также и в глубинных слоях головного мозга (в том числе в базальных ганглиях), и в спинном мозге.

Серотонин — нейромедиатор, влияющий на настроение, сон и аппетит.

Синапсы — контактные точки между нервными клетками, через которые при помощи химических нейромедиаторов передается информация.

Соматические маркеры — эмоциональные сигналы тела, влияющие на принятие решений.

Ствол мозга — нижняя часть мозга, управляющая дыханием и сердцебиением.

Стриатум (полосатое тело) — часть базальных ганглиев, координирующая движения и обработку вознаграждения и мотивации.

Супрахиазматическое ядро (*nucleus suprachiasmaticus*) — центр управления суточным ритмом в гипоталамусе.

Таламус — центральная станция, передающая сенсорные впечатления коре головного мозга.

Улитка (кохлея) — орган внутреннего уха, преобразующий звуки в электрические сигналы.

Фаза быстрого сна (REM-сон) — фаза сна с высокой активностью мозга и яркими сновидениями.

фМРТ (функциональная магнитно-резонансная томография) — метод отслеживания активности мозга по уровню кислорода в крови.

Электроэнцефалография (ЭЭГ) — метод регистрации электрической активности мозга.

Эпизодическая память — часть памяти, хранящая личные события с привязкой ко времени и месту.

Ядро одиночного пути (*nucleus tractus solitarii*) — область в стволе мозга, принимающая информацию от внутренних органов.

BDNF (нейротрофический фактор мозга) — фактор роста, способствующий пластичности нервных клеток.

Фрайвальд Бент

День из жизни мозга

Что происходит в голове, пока мы спим, работаем и пьем кофе

Главный редактор Сергей Турко
Руководитель проекта Кристина Ятковская
Арт-директор Юрий Буга
Дизайн обложки Алина Шевкопляс
Корректоры Мария Прянишникова-Перепелюк, Мария Стимбирис
Компьютерная верстка Павел Кондратович
Издано под редакцией Альпина Паблишер

ISBN 978-5-0063-2081-9 (твердая обложка)
ISBN 978-5-0063-2080-2 (мягкая обложка)
ISBN 978-5-0063-2037-6 (EPUB)

Издано под редакцией Альпина Паблишер

ISBN 978-5-0063-2081-9 (твердая обложка)
ISBN 978-5-0063-2080-2 (мягкая обложка)
ISBN 978-5-0063-2081-9 (EPUB)

www.ingramcontent.com/pod-product-compliance
Lightning Source LLC
LaVergne TN
LVHW022026051126
851858LV00004B/56
* 9 7 8 5 0 0 6 3 2 0 8 1 9 *